# 虎奶菇人工栽培技术

编著者

方金山　周贵香　方　婷

龙俊敏　杨群英

金盾出版社

## 内 容 提 要

本书由江西省抚州市临川丁湖食用菌研究所方金山等编著。内容包括：虎奶菇概述，虎奶菇栽培基础知识与条件，虎奶菇菌种生产工艺，虎奶菇栽培管理技术，虎奶菇栽培模式，虎奶菇病虫害防治技术，虎奶菇采收与加工技术，以及虎奶菇产品质量标准。内容新颖，技术先进，针对性和可操作性强。适合广大菇农和基层农业技术推广人员阅读，对农林院校有关专业师生、科研人员亦有参考价值。

**图书在版编目(CIP)数据**

虎奶菇人工栽培技术/方金山，周贵香，方婷等编著 . -- 北京：金盾出版社，2012.1
ISBN 978-7-5082-7156-9

Ⅰ.①虎… Ⅱ.①方…②周…③方… Ⅲ.① 食用菌—蔬菜园艺 Ⅳ.①S646

中国版本图书馆 CIP 数据核字(2011)第 166909 号

**金盾出版社出版、总发行**
北京太平路 5 号(地铁万寿路站往南)
邮政编码：100036 电话：68214039 83219215
传真：68276683 网址：www.jdcbs.cn
封面印刷：北京凌奇印刷有限公司
彩页正文印刷：北京印刷一厂
装订：兴浩装订厂
各地新华书店经销
开本：850×1168 1/32 印张：6 彩页：8 字数：135 千字
2012 年 1 月第 1 版第 1 次印刷
印数：1～8 000 册 定价：12.00 元

# 前 言

虎奶菇是云南省有名的药、食两用菌,其菇体质嫩,味道清香,鲜美可口,营养丰富。云南采食虎奶菇历史悠久,视其为高档食用菌,并有少量产品出口国际市场。

虎奶菇是我国著名的药用菌,其菌核有治疗胃病、便秘、发烧、感冒、水肿、胸痛、神经系统疾病、天花、哮喘、高血压等病症的药效,并能促进胎儿发育,提高早产儿成活率。据应建浙、臧穆报道,虎奶菇"菌核入药,外敷有治疗妇女乳腺炎之效",东南亚各国认为虎奶菇的菌核可以治疗痢疾。过去日本的药商曾从东南亚进口虎奶菇的菌核,当成中药茯苓菌核来用。现代研究证实:利用虎奶菇的菌核可开发出多种保健食品或药品,虎奶菇的药用价值将得到更为广泛地利用。因此,虎奶菇是一种有发展前景的食品和药品资源。

鉴于虎奶菇具有很高的食用、药用价值,笔者从 1998 年开始虎奶菇的人工栽培实验,探索出了一套简单易行的固体、液体各级菌种的制备技术,并掌握了其人工栽培的全部关键性技术。该技术操作简便,产量高,便于推广,于 2006～2008 年获得国家农业科技成果转化项目资助,3 年来先后栽培虎奶菇 900 万袋,产鲜菇 1 008 吨,经济效益达 2 000 多万元。近年来虎奶菇在江西得到大面积推广,"方金山"(作者注册商标)虎奶菇获得了江西名牌农产品、江西省"2010 年首届十大最受欢迎农产品"等殊荣,2011 年 10

月更是获得了"第九届中国国际农产品交易会金奖"。"临川虎奶菇"获国家原产地地理标志保护。目前市场上虎奶菇干品每千克达 480 元,产品深受国内外消费者欢迎。

虎奶菇人工栽培具有投资小,原材料丰富,成本低,技术容易掌握等特点,虎奶菇又属高温性品种,正好调节了高温季节无大量鲜菇上市的空白,且易保存,鲜菇在 40℃高温下不加任何添加剂的情况下,可保持 7 天不变质,这是其他食用菌品种无法相比的。虎奶菇的种植成功,对发展现代化特色农业具有积极的促进作用,同时也为农民脱贫致富奔小康开辟了一条新的途径。

在编写本书过程中,东华理工大学包水明教授提供了帮助,在此表示感谢。同时笔者引用了一些专家学者的资料,一般注明了出处,如有疏漏敬请原谅,并表示衷心感谢。

由于虎奶菇人工栽培年数较短,其相关研究还不够充分,资料方面有所欠缺,加之笔者水平有限,难免有错漏之处,恳请读者批评指正。

方金山

通信地址:江西省抚州市临川区罗针镇新街 108 号
邮　　编:344103
电　　话:0794—8412598
手　　机:18970481888
电子信箱:fangjinshan2005@163.com
网　　址:www.jxsyj.net

# 目　录

# 一、概 述

## (一)虎奶菇的分类地位与名称

虎奶菇,又名核耳菇、茯苓侧耳、虎奶菌、南洋茯苓,是热带和亚热带地区一种珍贵的药食两用菌。隶属于担子菌亚门、层菌纲、伞菌目、侧耳科、侧耳属。我国虽有分布,但之前没有人工栽培成功的记载。

## (二)虎奶菇的经济价值

### 1. 虎奶菇的食用价值

虎奶菇盖肥柄脆,菇体细腻质嫩、味道清香、鲜美爽口、营养丰富,烘制干菇更是风味独特、清香浓郁,食后口齿留香,是民间少见的山珍。虎奶菇是一种食药兼用的大型真菌,根据国家食品检测中心和农业部食品质量监督检测测试中心测定表明,虎奶菇与香菇、金针菇相比,具有丰富的蛋白质,较高的氨基酸。虎奶菇的子实体和菌核都可以食用,虎奶菇的子实体富含钾、钙、铁、锌、硒等人体所需的矿物质元素,粗纤维、总糖和多糖含量分别为 6.3%、44.6%、10.8%,粗蛋白质含量为 15.6%,氨基酸总量为 14.9%,含有 17 种氨基酸,人体必需的 8 种氨基酸含量占总氨基酸含量的46.1%;虎奶菇的菌核含葡萄糖、果糖、半乳糖、甘露糖、麦芽糖、肌醇、棕榈酸、油酸、硬脂酸,含还原糖 2%、蛋白质 45%,灰分中含有钾、钠、钙等元素。虎奶菇是一种珍稀的食、药兼用的大型真菌,是极具开发前景的保健食品。长期食用可起到延年益寿、美容保健的作用。

**2. 虎奶菇的药用价值**

虎奶菇的菌核有治疗胃痛、便秘、发烧、感冒、水肿、胸痛、神经系统疾病、天花、哮喘、高血压等疾病的药效,并能促进胎儿发育,提高早产儿成活率。据报道,非洲的一些民间医生利用虎奶菇治疗许多疑难杂症。据应建浙、臧穆(1994)报道,虎奶菇"菌核入药,外敷有治疗妇女乳腺炎之效(滇西南一带民间多从缅甸进口)",东南亚各国认为虎奶菇的菌核可以治疗痢疾。过去日本的药商曾从东南亚进口虎奶菇的菌核,当成中药茯苓菌核来用。现代医学研究证实,虎奶菇在医疗保健方面的应用潜力巨大。因此,虎奶菇是一种极具发展前景的食品和药品资源。

# (三) 虎奶菇的研究简介

虎奶菇是热带和亚热带地区的一种伞菌,是一种能产生大型菌核的担子菌。在分类上和中药茯苓完全不同,茯苓属多孔菌科,主要侵染松柏类的针叶树种,而虎奶菇则属侧耳科,主要侵染各种阔叶树种。虎奶菇侵染木材或树桩后,引起木材的白色腐朽,并在地下形成直径10~30厘米的菌核。菌核放在温暖、潮湿的地方,就会一个接一个地连续产生子实体。子实体产期的长短,取决于菌核的大小。从原基出现到子实体成熟大约需要7天。如果天气较冷,菌核产生子实体的时间就很长,远远不能满足人们日益增长的食用和药用需求。

据记载,非洲很早就对虎奶菇菌核进行栽培。将野外挖出的菌核放置在温暖潮湿的地方,就会连续生产子实体,从原基出现到子实体成熟约 7 天。菌核产生子实体的时间,取决于菌核的大小,气温较低时,菌核产生子实体的时间会延长,易被误定为块茎形多孔菌(星瘤多孔菌或珍珠蕈)。该菌子实体发生在假菌核上,为凝灰岩块状,意大利人称之为真菌石,把它放到地窖中进行培养,收获子实体(H.J. Rehm,1967 年)。虎奶菇可用相同方法培养,但为伞菌而非多孔菌。自 1977 年以来,许多国家,特别是非洲的一些研究人员,陆续对虎奶菇进行过生理和栽培研究;1993 年,福建三明真菌研究所也进行过栽培试验,获得成功,可进行袋栽和段木窖栽,栽培方法也比较简单。

　　笔者从事食用菌科研、栽培推广近 30 年,早在 1995 年在江西临川一阔叶林边缘的腐木桩上采到虎奶菇的子实体,经过组织分离、培养获得菌株,进行了驯化栽培。通过多年研究改进,终于培育出了一个品质优良、性状稳定、生物转化率高的新品种——临川虎奶菇,并已掌握了人工大面积栽培整套技术。

## (四)虎奶菇的栽培状况和市场前景

　　自 1998 年笔者培育出临川虎奶菇品种,通过几年的试种已获成功。2006~2008 年虎奶菇栽培技术已获国家农业科技成果资金转化项目资助,3 年来先后栽培虎奶菇 900 万袋,产鲜菇 1 008 吨,经济效益达 2 000 多万元。近年来虎奶菇得到了大面积推广,被评为江西省名牌农产品,江西省十大最受欢迎农产品之一,并获国家原产地地理标志保护,出口东南亚国家及我国港、澳市场,很受欢迎。目前市场上鲜菇售价已达 60 元/千克,最低不低于 50 元/千克;干品生产成本不超过 40 元/千克,售价每千克达 480 元,故种植虎奶菇有极其可观的利润。人工栽培虎奶菇每袋成本在 1.2~1.5 元,产鲜菇 0.1~0.2 千克,按市场价 55 元/千克计算,每袋可获利 4 元左右。同时,虎奶菇又是高温性品种,正好可调节夏季高温食用菌上市少的空白,且生长条件粗放,抗杂性强,适应多种栽培料,且转化率可达 80％～100％,故具有极大的开发价值,是广大农民朋友种菇致富的好品种。

# 二、虎奶菇栽培基础知识与条件

## (一)生物学特性

### 1. 形态特征

**(1)子实体形态** 子实体从地下的菌核上长出,单生或丛生。菌盖直径 10～20 厘米,漏斗形或杯形,后平展但中央仍保持下凹,菌肉韧,渐变皮革质,表面光滑,常有散生、翘起的小鳞片,特别是近中央的部分,淡灰白色到肉桂色,没有条纹,边缘初内卷、薄,有时放射状一锯齿状边缘;菌褶延生,密集,小菌褶的长度为大菌褶的 1/6,宽达 2 毫米,乳白-淡黄色,边缘完整;菌柄 3.5～13 厘米×0.7～3.5 厘米,中央生,偶尔偏心生,圆柱形,中实,表面与菌盖同色,通常有和菌盖表面一样贴生的小鳞片,在大的标本中,它有时发育成小茸毛。褶缘不孕,形成密集的囊状体的毛,20～38 微米×4～6 微米。大多数近顶端成梭状,透明,壁薄,侧囊体缺如,菌丝柱栓(罕见或缺如)。子实层(髓层)透明,很不规则,断断续续,和菌肉相似和连接,亚子实层发育良好,宽 10～12 微米。菌盖表面有发育不良的上皮层,厚达 25 微米,由放射状的菌丝组成,和下面的菌肉相似,菌盖上的鳞片由完全疏松、断断续续的生殖菌丝组成,直径 2.15～5 微米,有稍加厚的壁,并常含有褐色的细胞壁色素。

**(2)孢子及菌丝形态特征** 孢子印白色。孢子 7.5～10 微米×2.5～4.2 微米,柱状椭圆形到圆柱形,透明,壁薄,有颗粒状内含物,担子大小为 21～26 微米×5～6 微米,棍棒状圆柱形,有 4

枚小梗,长达 4 微米。菌盖中的菌肉厚达 8 毫米,边缘变薄,白色,坚韧,由生殖菌丝和骨架菌丝组成。生殖菌丝直径 1.5～7 微米,透明,壁薄,常分枝,有明显的锁状联合,骨架菌丝直径 2～7 微米,透明到近枯草色,厚壁(达 2.5 微米),有狭窄的腔,波状,不分枝,不分隔。菌核生于地下或木材间,直径 10～25 厘米,球形、卵形或梭形,坚实,质重,内部白色,外皮壳褐色或暗褐色。目前市场上出售的与姬菇形态近似的猪肚菇和虎奶菇混在一起,一般人辨认不清,其实这两种菇的形态是有明显差异的:猪肚菇柄长,粗细均匀,菌盖有鳞斑;虎奶菇柄上粗下细,菌盖无鳞斑,表面光滑(图 2-1)。

1                                    2

**图 2-1  2 种不同形态菇体**

1. 猪肚菇   2. 虎奶菇

## 2. 自然生态习性

虎奶菇野生子实体分布的植物群落为壳斗科、山茶科等落叶或常绿阔叶林下或林缘,森林的优势种为苦槠、青冈栎、木荷,林下灌木主要有赤楠、短柄木包、满树星等。林下草本以禾本科植物为主,苔藓以及蕨类植被较为丰富,层下光强 200 勒左右。林下土壤富含腐殖质,为典型的红壤,pH 值 5.5～6.5。野生子实体主要在 5 月下旬至 6 月上旬出菇,气温为 25℃～32℃,空气相对湿度为 85％～90％,一般雨后较多。菌核一般分布在土下 5～10 厘米,外部暗褐色,直径在 10 厘米左右,子实体在其上形成并长出。

### 3. 产地分布

虎奶菇已知分布在我国亚热带地区(云南省腾冲、章风,江西省临川等地)及日本、马来西亚、缅甸、澳大利亚、喀麦隆、尼日利亚、乌干达、加纳、肯尼亚、几内亚、坦桑尼亚等国。

### 4. 生活史及遗传特性

**(1)生活史** 虎奶菇,它的生活史是从担孢子开始,由担孢子萌发形成单核菌丝,再由双核菌丝形成异宗结合,即由"雌"、"雄"性之分的单核菌丝结合而成,而同性别的菌丝永不亲和,双核菌丝进一步发育,在适宜的条件下,更产生有组织分化的子实体。这些组织化的双核菌丝体称为三生菌丝体。子实体的分化发育可分为原基期、瘤状体、棒状体、成型期和成熟期 5 个主要阶段。由于虎奶菇产品是以采收菌盖未展平的子实体为主要目的,所以进入成型期后要及时采收。

**(2)生活条件**

①营养 虎奶菇是一种木腐菌,分解木质素和纤维素的能力很强,在生长过程中所需的营养成分主要有碳源、氮源、矿物质元素和维生素。碳源和氮源是主要营养,生产中常用棉籽壳、稻草、麦秸、玉米芯、木屑和甘蔗渣等作为碳素营养来源;而以麦麸、米糠、豆饼和玉米粉等作为氮素营养的来源;通过添加石膏、石灰可提供其所需的矿物质元素;对维生素的需求量少,天然有机培养料中的含量已可满足其需要,但虎奶菇的菌丝体在含果糖的培养基上生长最好,其次为甘露糖,再次葡萄糖,最次为木糖。在栽培时可适量添加。

②温度 虎奶菇是一种高温型菌类,利用自然气温栽培,一般在夏秋季出菇。菌丝的生长温度范围为18℃～33℃,最适温度为

22℃～26℃,低于10℃或高于40℃,菌丝生长很慢,超过40℃不能生存。低于4℃则不再生长,但不会死亡。子实体原基形成和分化的温度范围为22℃～40℃,最适出菇温度为28℃～33℃,气温低时生长较为缓慢。

③水分与湿度 虎奶菇菌丝生长阶段培养料的含水量以60%～70%为宜。培养料中含水量低于50%或高于70%时,菌丝生长速度都会变慢。菌丝生长阶段,空气相对湿度应保持在70%左右;子实体生长发育阶段,要求环境中的空气相对湿度恒定在85%～95%。空气相对湿度低于75%时,子实体发育变缓,严重时会干枯死亡;若空气相对湿度长期高于95%,易引发细菌性病害,菌盖、菌蕾易变色,甚至腐烂。

④空气 虎奶菇是好气性真菌,生长需要氧气。在菌丝生长阶段对氧气的需求量相对较少,但在通气性较好的培养料和菌袋内,菌丝长速明显加快,当菌袋封闭太严时,菌丝生长缓慢甚至逐渐停止生长。在子实体生长阶段,需要通气良好,氧气充足。在缺氧或二氧化碳浓度过大时,不能形成子实体,已形成的子实体也会畸变分权甚至开裂。

⑤酸碱度 虎奶菇喜中偏酸性的环境,菌丝在pH值5～7能生长繁殖,但最适pH值为5.5～6。由于生长过程中菌丝会代谢产生有机酸类物质,高温灭菌也会降低培养料的pH值,同时为了减少喜酸性杂菌的污染,在配制培养料时,pH值以偏碱为宜。一般通过添加石灰,使pH值达到6～7.5。

# (二)栽培产地生态环境

## 1. 产地安全重要性

随着工业"三废"大量排放和农业使用化肥、农药、添加剂等数量的增多,给生态环境带来污染。从污染分析,如果栽培场地靠近城市和工矿区,其土壤中重金属含量较高,地表水可能被重金属(镉、汞、锌等)以及农药、硝酸盐污染。这些污染物也会被虎奶菇吸收,这不仅危害虎奶菇子实体的正常生长发育,降低产量;更严重的是降低品质。此外,环境空气污染,如栽培场地的空气中有毒有害气体和空气悬浮物(二氧化硫、氧化氮、氯气、二氧化碳、粉尘和飘灰等)都会使虎奶菇产品卫生指标超标,甚至造成有毒有害物质的残留。因此要实现虎奶菇无公害生产,产地要避开污染源,这是实现无公害生产第一步。

**2. 产地生态安全条件**

虎奶菇无公害栽培场地的生态环境,应按 FB/T 184071—2001《农产品安全质量 无公害蔬菜产地环境要求》的条件,或者符合农业部农业行业标准 NY/5358—2007《无公害食品 食用菌产地环境条件》的要求:在 5 千米以内无工矿企业污染源;3 千米之内无生活垃圾堆放和填埋场、工业固体废弃物和危险废弃物堆放和填埋物等。重点检测土壤、水源水质和空气这 3 方面的质量。

**(1)土壤质量标准** 无公害虎奶菇产地土壤质量要求,见表2-1。

表 2-1 生产用土中各种污染物的指标要求

| 序 号 | 项 目 | 指标值(毫克/千克) |
|---|---|---|
| 1 | 镉(以 Cd 计) | ≤0.40 |
| 2 | 总汞(以 Hg 计) | ≤0.35 |
| 3 | 总砷(以 As 计) | ≤25 |
| 4 | 铅(以 Pb 计) | ≤50 |

**(2)水源水质标准** 无公害虎奶菇栽培时,生产用水中各种污

染物含量不超过下列指标,见表2-2。

**表 2-2　生产用水各种污染物的指标要求**

| 序　号 | 项　目 | 指标值 |
|---|---|---|
| 1 | 混浊度 | ≤3 度 |
| 2 | 臭和味 | 不得有异臭、异味 |
| 3 | 总砷(以 As 计)(毫克/千克) | ≤0.05 |
| 4 | 总汞(以 Hg 计)(毫克/千克) | ≤0.001 |
| 5 | 镉(以 Cd 计)(毫克/千克) | ≤0.01 |
| 6 | 铅(以 Pb 计)(毫克/千克) | ≤0.05 |

**(3)空气质量标准**　产地要求大气无污染,具体空气质量指标要求见表2-3。

**表 2-3　环境空气质量标准**

| 项　目 | 指　标 | |
|---|---|---|
| | 日平均 | 1 小时平均 |
| 总悬浮颗粒物(TSP)(标准状态)(毫克/米$^3$) | 0.30 | — |
| 二氧化硫($SO_2$)(标准状态)(毫克/米$^3$) | 1.5 | 0.50 |
| 氮氧化物($NO_x$)(标准状态)(毫克/米$^3$) | 0.10 | 0.15 |
| 氟化物(F)(微克/米$^3$ 天) | 5.0 | — |
| 铅(标准状态)(微克/米$^3$) | 1.5 | — |

# (三)栽培房(菇棚)条件

按照虎奶菇生理生产历程,分为两个阶段:前期是营养生长阶段,即菌丝发育培养阶段;后期是生殖生长阶段,即子实体形成发育阶段。通常前期是在培养室内发菌培养,后期搬进野外大棚长菇,北方多采用发菌与长菇均同在日光温室"一棚制",但不易控制温度,往往发菌时间比农家民房发菌时间长。由于虎奶菇发菌培养与长菇,不同时段对生态要求不一,因此对菇棚要求也有差别,要特别注意。

**1. 菌袋培养室要求**

专业工厂化生产的企业,应专门建造菌袋培养室。民间可利用平房养菌。标准培养室必须达到"五要求"。

(1)**远离污染区** 远离食品酿造工业、畜禽舍、医院和居民区。

(2)**结构合理** 坐北朝南,地势稍高,环境清洁;室内宽敞,一般 32~36 米$^2$ 面积为宜;墙壁刷白灰;门窗对向,安装防虫网;设置排气口,安装排气扇。

(3)**环境适宜** 室内卫生、干燥、防潮,空气相对湿度低于70%;遮阳避光,控温 23℃~28℃,空气新鲜。

(4)**无害消毒** 选用无公害的次氯酸钙药剂消毒,使之接触空气后迅速分解或对环境、人体及菌丝生产无害的物质,又能消灭病原微生物。

(5)**物理杀菌** 安装紫外线灯照射或电子臭氧灭菌器等物理消毒,取代化学药物杀菌。

**2. 菇房(棚)要求**

虎奶菇常用塑料大棚作为出菇场所,标准化塑料大棚要求如下。

(1)**结构合理** 塑料大棚有连幢式、单幢式等不同。菇棚大小以长 30~40 米,跨度 6~8 米,顶高 1.8~2.2 米为适,棚边开好通风口,棚外配套草苫遮阳。

(2)**场地优化** 选择背风向阳,地势高燥,排灌方便,水、电源充足,交通便利,周围无垃圾等乱杂废物。

**(3)土壤改良** 菇棚内的场地采取深翻晒白后,灌水、排干、整畦。采用石灰粉或喷茶籽饼、烟茎等水溶液,取代化学农药进行消毒杀虫。

**(4)水源洁净** 水源要求无污染,水质清洁,最好采用泉水、井水和溪河流畅的清水;而池塘水、积沟水不宜取用。

**(5)茬口轮作** 不是固定性的菇棚应采取一年种农作物,一年栽虎奶菇,稻菇合理轮作,隔断中间传播寄主,减少病虫源积累,避免重茬加重病虫害。

# (四)栽培原材料

## 1. 栽培原料选择

虎奶菇标准化栽培的原料,主要以含木质素和纤维素的农林业下脚料,如棉籽壳、杂木屑、玉米芯、甘蔗渣等秸秆、籽壳;并辅以农业副产品麦麸或米糠等。

我国已发布实施 NY 5099—2002《无公害食品 食用菌栽培基质安全技术要求》的农业行业标准。虎奶菇栽培应按照这个标准执行。主要原料木屑除桉、樟、槐、苦楝等含有害物质树种的阔叶树木屑;自然堆积 6 个月以上针叶树种的木屑。棉籽又叫棉籽皮,为榨油厂的下脚料,是栽培虎奶菇的主要原料。据华中农业大学测定,棉籽壳含氮 0.5%、磷 0.66%、钾 1.2%、纤维素 37%~48%,木质素 29%~42%,尤其是棉籽壳的粗蛋白质含量达17.6%。

由于棉花生产中使用农药较多,且棉籽壳中又含有棉酚,用棉籽壳作为栽培基质生产虎奶菇,其子实体食用的安全性,包括农药残留和棉酚的含量,一向为人们所关心。卢青达等对棉籽壳栽培的食用菌进行农药残留的棉酚分析,结果表明未处理的棉籽壳中含棉酚 230 毫克/千克,经过灭菌后棉籽壳中含棉酚 53 毫克/千克。用棉籽壳栽培长出的子实体中棉酚含量为 49 毫克/千克,比联合国粮农组织(FAO)所规定的卫生标准低一个数量级,认定无公害。

### 2. 辅助原料质量

辅助原料又称辅料,是指能补充培养料中的氮源、矿物质和生长因子,及在培养料中添加量较少的营养物质等。辅料除能补充营养外,还可改善培养料的理化性状。常用补充营养的辅料是天然有机物质,如麦麸、米糠、玉米粉等,主要用于补充主料中的有机氮、水溶性碳水化合物以及其他营养成分的不足。

### 3. 化学添加剂限量

虎奶菇培养料配方中常采用石膏粉、碳酸钙,以及过磷酸钙、尿素等化学物质。有的以改善培养料化学性状为主,有的是用于调节培养料的酸碱度。虎奶菇栽培基质常用化学添加剂种类、功效、用量和使用方法,见表 2-4。

**表 2-4　食用菌栽培基质常用化学添加剂**

| 添加剂名称 | 使用方法与用量 |
| --- | --- |
| 尿　素 | 补充氮源营养,0.1%～0.2%,均匀拌入栽培基质中 |
| 硫酸铵 | 补充氮源营养,0.1%～0.2%,均匀拌入栽培基质中 |
| 碳酸氢铵 | 补充氮源营养,0.2%～0.5%,均匀拌入栽培基质中 |
| 氰氨化钙(石灰氮) | 补充氮源和钙素,0.2%～0.5%,均匀拌入栽培基质中 |
| 磷酸二氢钾 | 补充磷和钾,0.05%～0.2%,均匀拌入栽培基质中 |
| 磷酸氢二钾 | 补充磷和钾,0.05%～0.2%,均匀拌入栽培基质中 |
| 石　灰 | 补充钙素,并有抑菌作用,1%～5%,均匀拌入栽培基质中 |
| 石　膏 | 补充钙和硫,1%～2%,均匀拌入栽培基质中 |
| 碳酸钙 | 补充钙,0.5%～1%,均匀拌入栽培基质中 |

### 4. 质量严格把关

采集质量关:原料采集时要求新鲜、无霉烂变质;入库灭害关:原料进仓前烈日暴晒,杀灭病原菌和虫害、虫蛹蛆;储存防潮关:仓库要求干燥、通风、防雨淋、防潮湿;堆料发酵关:原料使用时,提前堆料发酵,杀灭潜伏杂菌与害虫,堆料选用无公害洁霉精溶液。禁用甲胺磷等高毒、高残留农药拌料。

### 5. 塑料栽培袋规格质量

栽培袋的原料为塑料薄膜筒料,要求符合国家标准 GB 9687—1998《食品包装用聚乙烯成型品卫生标准》。栽培袋的原料应选用高密度低压聚乙烯(HDPE)薄膜加工制所的筒料或成型袋,这是常压灭菌条件下袋栽虎奶菇常用的一种理想薄膜袋。市场上聚丙烯袋(PP)虽耐高压、透明度好,但质地硬脆,不易与料紧贴,且遇冷易破裂,因此不理想。

虎奶菇栽培袋规格各地略有差别。一般常用成型袋,其规格(袋折径宽×长)15 厘米×38 厘米,每千克 230 个袋;或 17 厘米×35 厘米,每千克 220 个袋。每袋装干料量 500～600 克。优质塑料袋要求达到四条标准:一是薄膜厚薄均匀,袋径扁宽大小一致;二是料面密度强,肉眼观察无砂眼,无针孔,无凹凸不平;三是抗张强度好,卷 2～4 圈拉不断;四是耐高温,装料后经常压 100℃灭菌,保持 16～24 小时,不膨胀、不破裂、不熔化。

## (四)生产配套机械设备

虎奶菇生产机械设备,应掌握好经济和实用及产品质量稳定性。

## 1. 原料切碎机

利用树木、果、桑枝桠或棉柴、玉米芯做原料的地区,必须购置原料切碎机。这是一种木材切片与粉碎合成一体的新型机械。生产能力每小时 800～1 800 千克/台,配用 15～22 千瓦电动机。适用于枝条、农作物秸秆等原料的加工。

## 2. 培养料搅拌机

建议选用新型自走式培养料搅拌机。该机以开堆、搅拌器、惯性轮、走轮、变速箱组成,配用 2.2 千瓦电机及漏电保护器,生产效率 5 000 千克/小时。规格 100 厘米×90 厘米×90 厘米(长×宽×高),占地面积 2 米²,是目前培养料搅拌机体积小,产量高,实用性强的新型设备,获国家发明专利(专利号:ZL2003201606494.9)。

## 3. 装 袋 机

具有一定规模生产基地或乡村,可选用自动化装袋机。其生产效率为 1 500 袋/小时,配电源 380 伏,自动化程度比较高,且装料均匀,质量较理想,适于企业大规模生产菌袋。一般菇农可购置多功能装袋机,配用 1.5 千瓦电动机,普通照明电压,生产能力每小时 800 袋/台,配用多套口径不同的出料筒,可装不同折幅的栽培袋。

## 4. 脱水烘干机

现有烘干机有电脑控制燃油烘干机,每次可加工鲜耳 500 千克,造价较高,每台需 3 万元以上。目前,较为理想的是 LOW-260型脱水机(图 2-2),其结构简单,热交换器安装中间,上方设进风口,中间配 600 毫米排风扇,两旁设置 2 个干燥箱。箱内各安置 13 层竹制烘干筛。箱底两旁设热风口。机内设 3 层保温,中间双重隔层,使产品烘干不焦。箱顶设排气窗,使气流在箱内流畅,强制通风脱水干燥,配有三相(380 伏)、单相(220 伏)用户自选。燃料薪、煤均可。鲜菇进房一般 10～14 小时干燥,2 个干燥箱的台/次可加工鲜菇 250～300 千克。

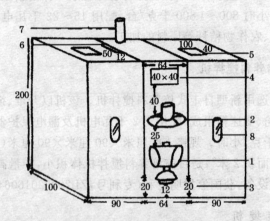

**图 2-2　LOW-260 型脱水机　(单位:厘米)**
1. 热交换　2. 排气扇　3. 热风口　4. 进风口
5. 热风口　6. 回风口　7. 烟囱　8. 观察口

## (五)灭菌设施

### 1. 钢板平底锅灭菌灶

生产规模大的单位可采用砖砌灶,其体长 280～350 厘米,宽 250～270 厘米,灶台炉膛和清灰口可各 1 个或 2 个。灶上配备 0.4 厘米厚钢板焊成的平底锅,锅上安装垫木条,料袋重叠在离锅底 20 厘米的垫木上。叠袋后罩上薄膜和篷布,用绳捆牢,1 次可灭菌料袋 6 000～10 000 袋。钢板平底锅罩膜常压灭菌灶见图 2-3。

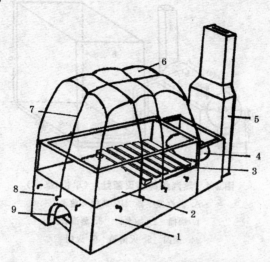

**图 2-3　钢板平底锅罩膜常压灭菌灶**
1. 灶台　2. 平底钢板锅　3. 叠袋板木　4. 加水锅
5. 烟囱　6. 罩膜　7. 扎绳　8. 铁钩　9. 炉膛

## 2. 蒸汽炉简易灭菌灶

　　有条件的单位可采用铁皮焊制成料袋灭菌仓,配锅炉或蒸汽炉产生蒸汽,输入仓内灭菌。一般栽培户可采用蒸汽炉和框架罩膜组成的节能灭菌灶,也可以利用汽油桶加工制成蒸汽炉灭菌灶。每次可灭菌料袋 3 000～4 000 袋,量少则 1 000 袋也可。蒸汽炉简易灭菌灶见图 2-4。

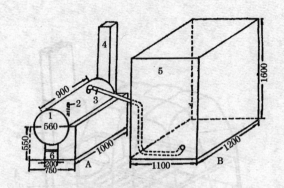

**图 2-4　蒸汽炉简易灭菌灶　（单位：毫米）**

A. 蒸汽发生器　B. 蒸汽灭菌箱

1. 油桶　2. 加水口　3. 蒸汽管

4. 烟囱　5. 灭菌箱　6. 火门

# 三、虎奶菇菌种生产工艺

## (一)菌种生产必备资质条件

国家农业部颁布《食用菌菌种管理办法》(2006 年 6 月 1 日起实施)明确规定食用菌种生产实行市场准入制度,并对菌种生产提出了切实可行的详细的资质要求。主要包括技术资质的审核、注册资本登记,资金、技术条件等。

从事食用菌制种专业,应向所在地、县级农业(食用菌)行政主管部门申请《食用菌菌种生产经营许可证》具体要求条件如下。

### 1. 注册资本

申请菌种生产许可证,要求注册资本证明材料:母种 100 万元以上,原种 50 万以上,栽培种 50 万元以上。

### 2. 专业技术人员

申请母种和原种生产单位,必须经省农业厅考核合格的菌种检验人员 1 名,生产技术人员 2 名以上的资格证明。申请生产栽培种的单位或个人,必须有检验人员和生产技术人员各 1 名。

### 3. 生产设施

提供仪器设备和生产设施清单及产权证明,主要仪器设备的照片包括菌种生产所需相应的灭菌、接种、培养、贮存、出菇试验等设备、相应的质量检验仪器与设施。

### 4. 经营场所

提供菌种生产经营场所照片及产权证明。其环境卫生及其他条件,都应符合农业部 NY/T 528—2002《食用菌菌种生产技术规程》要求。

### 5. 种性介绍

提供品种特性介绍,包括生物特性、经济性状、农艺性状。

### 6. 保质制度

具备菌种生产经营质量保证制度。申请母种生产经营许可证的品种为授权品种,为授权品种所有权人(品种选育人)授权书面证明。

## (二)菌种生产基础知识

### 1. 繁殖原理

虎奶菇繁殖分为有性繁殖和无性繁殖 2 种,人工分离母种是根据子实体成熟时,能够弹射担孢子的特性,使子实体上的许多担孢子着落在培养基上,以出芽的方式萌发形成菌丝,即为菌种。这种自然繁殖方式,通过人为分离的方法,称为有性分离或有性繁殖。而从子实体或耳木中分离出菌丝体,移接在培养基上,使其恢复到菌丝发育阶段,变成没有组织化的菌丝来获得母种,称为无性繁殖。用这种分离获得母种,既方便又较有把握其子实体和菌丝体都是近缘有性世代,遗传基因比较稳定,抗逆力强,母系的优良品质基本上可以继承下来。

**2. 生活条件**

在人工分离培育菌种时,应配入适量的蔗糖、麦麸、淀粉、蛋白胨、磷酸盐、硫酸镁等营养成分,以满足其生长发育的需要。

菌种生活条件除了营养之外,还必须根据虎奶菇生理和生态条件的要求,满足其所需要的温度、湿度、空气、光照、pH 值等。人为创造适合菌种生活的环境条件,有利于提高菌种成品率和质量。

**3. 菌种分级**

虎奶菇菌种可分为一级种、二级种和三级种。

一级种称为母种,通常是从子实体或基内分离选育出来的,称为一级菌种。它一般接种在试管内的琼脂斜面培养基或玻璃瓶木屑培养基上。母种数量很少,还不能用于大量接种和栽培,只能用作繁殖和保藏。

二级种称为原种,把母种移接到菌种瓶内的木屑、麦麸等培养基上,所培育出来的菌丝体称为原种。原种是经过第二次扩大,所以又叫二级菌种。原种虽然可以用来栽培产出子实体,但因为数量少,用作栽培成本高,所以一般不用于生产栽培。因此,必须再扩大成许多栽培种。虎奶菇试管母种,通常一支可以接 4～5 瓶原种。

三级种称为栽培种,又叫生产种。即把原种再次扩接到同样的木屑培养基上,培育得到的菌丝体,作为虎奶菇栽培用的菌种。栽培种经过了第三次扩大,所以又叫三级菌种。每瓶原种可扩接成栽培种 40～50 瓶(袋)。

**4. 菌种形成程序**

经过上述三级培育虎奶菇菌丝体的数量大为增加。每支试管的斜面母种,一般可繁殖成 4～5 瓶原种,每瓶原种又可扩大繁殖成栽培种 40～50 瓶(袋)。在菌种数量扩大的同时,菌丝体也从初生菌丝发育到次生菌丝,菌丝也越来越粗壮,分解物质的能力也越来越强。虎奶菇三级菌种的形成及生产工艺流程,见图 3-1。

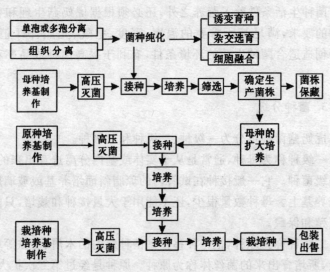

图 3-1 虎奶菇菌种的形成及生产工艺流程

# (三)菌种生产基本设施

## 1. 菌种厂布局

(1)远离污染 菌种厂必须远离禽舍、畜厩、仓库、生活区、垃圾场、粪便场、厕所、扬尘量大的工厂(水泥厂、砖瓦厂、石灰厂、木材加工厂)等,菌种厂与污染源的最小距离为 300 米。菌种场应坐落在地势稍高,四周空旷,无杂草丛生,通风好,空气清新之处。

（2）**严格分区**  按照微生物传播规律,严格划分为有菌区和无菌区。两区之间应保持一定距离。原料、晒场、配料、装料等带菌场所,应位于风向下游西北面;冷却、接种、培养等无菌场所,应为风向上游东南面。办公、出菇、试验、检测、生活等场地,应设在风向下游。

（3）**流程顺畅**  菌种厂布局结合地形,方位,科学设计,结构合理。按生产工艺流程,形成流水作业,走向顺畅,防止交错,混乱。规范化菌种厂布局见图 3-2。

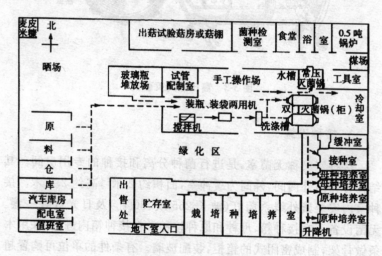

**图 3-2  菌种厂平面布局示意图**

（4）**装修达标**  各作业间在内装修上要求水泥抹地,磨光,便于冲洗;内墙壁接地四周要砌成半圆形。墙壁刷白灰。冷却室,接种室的四周墙壁及天花板需油漆,防潮。冷却室需安装空气过滤器,并配备除湿和强冷设备。接种室内要求严密、光滑、清洁,室门应采用推拉门。

## 2. 灭菌设备

主要为高压蒸汽灭菌锅(图 3-3)。

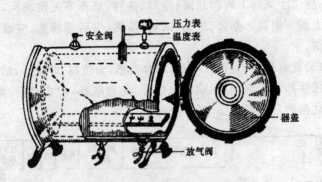

图 3-3　高压蒸汽灭菌锅

## 3. 接种设施

接种室又称无菌室,是进行菌种分离和接种的专用房间。其结构分为内外两间,外间为缓冲室,面积约 2 米²,高约 2.5 米。接种室内安装紫外线杀菌灯(波长 265 埃,30 瓦)及日光灯各一盏。无菌设备还有接种箱,母种和原种接种常在接种箱内进行,采用木条做骨架,制成密闭式的箱柜,装配玻璃。有条件的单位可购置超净工作台。

虎奶菇接种分为两个生产环节:一是菌种扩繁接种,二是栽培袋接种。接种关系到菌种和菌袋的成品率,也直接影响虎奶菇生产的效益。接种必备接种室、接种箱或超净操作台。

**(1)接种箱**　见图 3-4。又名无菌箱,主要用于菌种分离和菌种扩大移接,无菌操作。箱体采用木材框架,四周木板,正面镶玻璃,具有密封性,便于药物灭菌,防止接种时杂菌侵入。接种箱的正面开2个圆形洞口,装上布袖套,便于双手伸入箱内进行操作。箱顶安装1盏紫外线灭菌灯,箱内可用气雾消毒盒或甲醛和高锰酸钾混合熏蒸消毒。

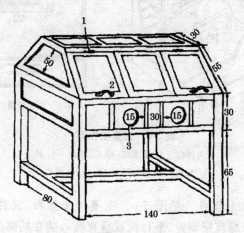

图3-4  接种箱结构  (单位:厘米)
1. 活叶  2. 把手  3. 操作孔

**(2)无菌室**  见图3-5。是分离菌种和接种专用的无菌操作室,又称接种室。无菌室求要密闭,空气静止;经常消毒,保持无菌状态。室内设有接种超净菌操作台、接菌箱,备有解剖刀、接菌铲、接菌针、长柄镊子、酒精灯、无菌水和紫外线杀菌灯等用具。这个房间不宜过大,一般长4米,宽3米,高2.5米。若过大消毒困难,不易保持无菌条件。墙壁四周用石灰粉刷,地面要平整光滑,门窗关闭后能与外界隔离。室内必须准备4～5层排放菌种的架子,安装1～2盏紫外线灭菌灯(2 573埃,功率30瓦)和1盏照明日光灯。接种室外面设有一间缓冲间,面积为2米²,同时安装有1盏紫外线灭菌灯和更衣架。

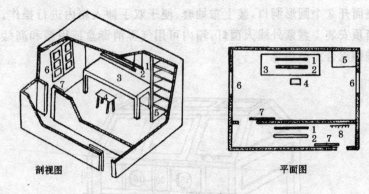

剖视图　　　　　　　　　　平面图

**图 3-5　无菌室布局**
1. 紫外线灯　2. 日光灯　3. 工作台　4. 凳子
5. 瓶架　6. 窗　7. 拉门　8. 衣帽钩

**(3)超净工作台**　见图 3-6。主要用于接种，又称净化操作台，是一种局部流层装置（平行流或垂直流），能在局部形成高洁净度的环境。它利用过滤的原理灭菌，将空气经过装置在超净工作台内的预过滤器及高效过滤器除尘。洁净后再以层流状态通过操作区，加之上部狭缝中喷送出的高速气流所形成的空气幕，保护操作区不受外界空气的影响，使操作区呈无菌状态。净化台要求装置在清洁的房间内，并安装紫外线灯。操作方法简单，只要接通电源，按下通风键钮，同时开启紫外线灯约 30 分钟即可。接种时，把紫外线灯关掉。

**4. 菌种培养设施**

**(1)恒温培养室**　见图 3-7。培育原种和栽培种的功能房间，其结构和设置要求大小适中，以能培养 5 000～6 000 瓶菌种为宜。培养室内设 7～8 层的培养架，架宽 60～100 厘米，层距 33～40 厘米，顶层离房屋顶板不低于 75 厘米，底层离地面不低于 20～25 厘米，长与高按培养室大小设计。培养室需配备控温设备，主要有用

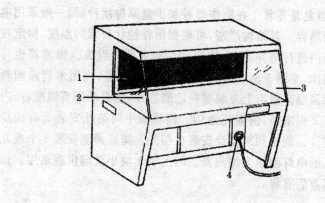

**图 3-6 超净工作台**

1. 高效过滤器 2. 工作台面 3. 侧玻璃 4. 电源

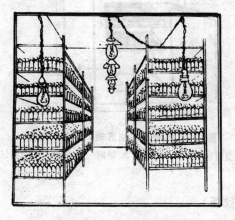

**图 3-7 恒温培养室**

于加温的暖风机、电暖气和用于降温的空调等,满足菌种生长对温度的需要。在制作母种和少量原种时,一般均采用电热恒温箱培养,专业性菌种厂需购置。

(2)恒温培养箱　在制作母种和少量原种接种后,一般采用电热恒温箱培养。其结构严密,可根据菌种性状要求的温度,恒定在一定范围内进行培养,专业性菌种厂必备此种设施。恒温箱也可以自行制作,见图3-8。箱体四周采用木板隔层,内用木屑或塑料泡沫作保温层。箱内上方装塑料乙醚膨片,能自动调节温度;箱内两侧各钉2根木条,供阁托盘用。箱顶板中间钻孔安装套有橡皮圈的温度计。旋钮和刻度盘安装在箱外。箱底两侧安装1个或几个100瓦的电灯泡作为加热器。门上装1块小玻璃供观察用。恒温器电器商店有售。

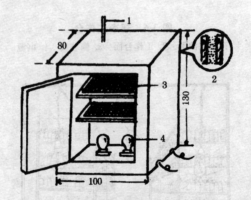

**图3-8　自制恒温培养箱**　(单位:厘米)
1. 温度计　2. 木屑填充　3. 架网　4. 灯泡　5. 检测仪器

### 5. 检测仪器

(1)照度计　照度计是测定耳房或耳棚内光线强度的仪器。目前常用的是北京师大光电仪器厂生产的 ST-11 型照度计。它的感光部分系将硅光电池装于1个胶木盒内,用导线与一灵敏电流表相连。当光电池放在欲测位置时,它即按该处光线强度产生相应电流,从电流表指针所指刻度,就可以读出照度数值。照度单位为勒克斯。

**(2)氧与二氧化碳测定仪** 这是测量耳房及菌丝中氧气与二氧化碳的仪器。上海产的学联牌 SYES-II 型氧、二氧化碳气体测定仪。此仪器低功耗,便携带,采用发光二极管数字显示,读数直观、清晰,能快速测定出混合气体中氧气、二氧化碳的百分比含量。具体使用方法见仪器说明书。

**(3)pH 试纸** pH 试纸是用来测定配制培养料的酸碱度。有精密试纸与广谱试纸两种,食用菌一般用广谱试纸。测试时,取试纸一小段,抓一把拌匀的培养料,将试纸插入料中紧握 10 秒钟,取出与标准色板比较,即可读得 pH 值。

**(4)生物显微镜** 用于观察菌丝和孢子的形态结构。

**(5)干湿温度表** 这是测定空气相对湿度的仪器。这种仪器是在 1 块小木板上装有 2 根形状一样的酒精温度表,左边 1 根为干表,右边 1 根球部扎有纱布,经常泡在水盂中为湿表。中间滚筒上装有湿度对照表,观察空气相对湿度时,将此表挂在室内空气流通处,水盂中注入凉开水,将纱布浸湿。

**(6)玻璃温度计** 用于测定培养室、干燥箱、冰箱以及虎奶菇栽培棚的温度。

**6. 常用器具**

**(1)制作用具** 菌种制作常用以下几种器具。

①三角烧瓶及烧杯 用于制备培养基,三角烧瓶规格为 200 毫升、300 毫升、500 毫升 3 种;烧杯常用 200 毫升、500 毫升、1 000 毫升 3 种。

②量杯或量筒 在配制培养基时,用于计量液体的体积,常用规格为 200 毫升、500 毫升、1 000 毫升 3 种。

③漏斗及加温漏斗 用于过滤或分装培养基,通常以口径 300 毫米左右的玻璃漏斗为好。

④不锈钢锅或铝锅(铁锅不适用)及电炉　用于加热溶解琼脂,调制琼脂培养基。

⑤铁丝试管笼　用于盛装玻璃试管培养基,进行灭菌消毒等。一般为铁丝制成的篮子,直径为22厘米,高20厘米。也可用竹篮子代替。

⑥标准天平　用于称量各种样品和培养料。

⑦酒精灯　用于接种操作时灭菌消毒。

⑧吸管　用于吸收孢子液的玻璃管,上有刻度。常用规格有0.5毫升、1毫升、5毫升和10毫升4种。

⑨其他　解剖刀、镊子、剪刀、止水夹、胶布、专用玻璃蜡笔、记录本等,也是菌种生产所必备的。

**(2)接种工具**　应选用不锈钢制品,包括接种铲、接种刀、接种锄、接种环、接种钩、接种匙、弹簧接种器、镊子等(图3-9)。

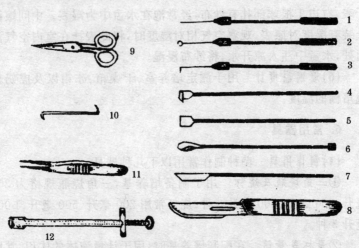

**图3-9　接种工具**

1.接种针　2.接种环　3.接种钩　4.接种锄　5.接种铲　6.接种匙
7、8.接种刀　9.剪刀　10.钢钩　11.镊子　12.弹簧接种器

**(3)育种器材** 菌种培育过程需要机具如下。

①空调机 选用冷暖式空调机,用于调控菌种室温度。

②试管 用于制备斜面培养基,分离培养菌种,常用规格为15毫米×150毫米,18毫米×180毫米,20毫米×200毫米。

③培养皿 用于制备平板培养基,分离培养菌种,系玻璃制品,有盖。

④菌种瓶 用于培养原种和栽培种,常用玻璃菌种瓶。

# (四)母种制作技术

## 1. 母种培养基配制

虎奶菇母种培养基以琼脂培养基为主,下面介绍3组琼脂培养基制作方法。

**(1)配方1** 马铃薯200克,葡萄糖20克,硫酸镁0.5克,维生素 $B_1$ 10毫克,琼脂20克,水1000毫升。被称为PDA加富培养基。

配制时先将马铃薯洗净去皮(已发芽的要挖掉芽眼),称取250克切成薄片,置于铝锅中加水煮沸30分钟,捞起用4层纱布过滤取汁;再称取琼脂20克,用剪刀剪碎后加入马铃薯汁液内,继续加热,并用竹筷不断搅拌,使琼脂全部融化;然后加水1000毫升,再加入葡萄糖、硫酸镁、维生素 $B_1$,稍煮几分钟后,用4层纱布过滤1次,并调节pH值至5.6;最后趁热分装入试管内,装量为试管长的1/5,管口塞上棉塞,立放于试管笼上。分装时,应注意不要使培养基沾在试管口和管壁上,以免发生杂菌感染。

**(2)配方2** PDA+酵母浸膏5克+磷酸二氢钾1克+维生素 $B_1$ 0.01克+硫酸镁0.5克,水1000毫升,pH值自然。

制作方法与培养基配方1相似,只是在加入琼脂,同时加入其他微量元素,煮 20 分钟后过滤取汁,趁热装入试管中,塞好棉塞,直立放于试管笼上。

**(3)配方 3** 玉米粉 60 克,葡萄糖 10 克,琼脂 20 克,水 1 000 毫升。称为 CMA 培养基。

配制时先把玉米粉调成糊状,再加入 1 000 毫升水,搅拌均匀后,文火煮沸 20 分钟,用纱布过滤取汁。再加入琼脂、葡萄糖等,全部溶化后,调节 pH 值至 5.6,然后分装入试管内,塞好管口棉塞。

琼脂斜面培养基配制工艺流程,见图 3-10。

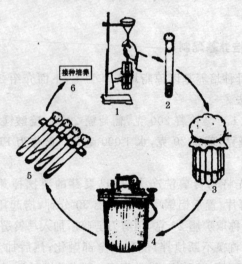

**图 3-10　琼脂斜面培养基制作流程**
1.分装试管　2.塞棉塞　3.打捆　4.灭菌　5.排成斜面　6.接种培养

**2. 标准种菇选择**

作为虎奶菇母种分离的种菇,可从野生和人工栽培的群体中采集。笔者通过近 10 年,对虎奶菇菌种驯化已取得成效,临川虎奶菇菌株已通过人工大面积栽培,成为定型的速生高产菌株。现有虎奶菇大部分是从人工栽培中选择种菇。标准的种菇应具备以下条件及工序。

(1) **种性稳定** 经大面积栽培证明,普遍获得高产、优质,且尚未发现种性变异或偶变现象的菌株。

(2) **生活力强** 菌丝生长旺盛,出菇快,长势好;菇柄大小长短适中,七八成熟,未开伞;基质子实体无病害发生。

(3) **确定季节** 标准种菇以春、秋季产菇体为好。

(4) **成熟程度** 通常以子实体伸展正常,略有弹性时采集。此时若在种菇的底部铺上一层塑料薄膜,1 天后用手抚摸,有滑腻的感觉,这就是已弹射的担孢子。

(5) **必要考验** 采集室内栽培的子实体,还必须在群体中将被选的菌袋,搬到环境适宜的野外,让其适应自然环境,考验 1~2 天后取回。

(6) **入选编号** 确定被选的种菇,适时采集 1~2 朵,编上号码,作为分离的种菇,并标记原菌株代号。

### 3. 孢子分离法

虎奶菇子实体成熟时,会弹射出大量孢子。孢子萌发成菌丝后培育成母种。孢子的采集和培育具体操作规程如下。

(1) **分离前消毒** 采集的种菇表面可能带有杂菌,可用 75%的酒精擦拭 2~3 遍,然后再用无菌水冲洗数次,用无菌纱布吸干表面水分。分离前还要进行器皿的消毒。把烧杯、玻璃罩、培养皿、剪刀、不锈钢钩、接种针、镊子、无菌水、纱布等,一起置于高压灭菌器内灭菌。然后连同酒精灯和 75%酒精或 0.1%升汞溶液,以及装有经过灭菌的琼脂培养基的三角瓶、试管、种菇等,放入接种箱或接种室内进行 1 次消毒。

(2) **孢子采集** 具体可分整朵插种菇、三角瓶钩悬和试管琼脂培养基贴附种菇等方法。操作时要求在无菌条件下进行。

①整菇插种法 在接种箱中,将经消毒处理的整朵种菇插入无菌孢子收集器里,再将孢子收集器置于适温下,让其自然弹射孢子。

②三角瓶钩悬法 将消毒过的种菇,用剪刀剪取拇指大小的菇盖,挂在钢钩上,迅速移入装有培养基的三角瓶内。菇盖距离培养基2～3厘米,不可接触到瓶壁,随手把棉塞塞入瓶口。为了便于筛选,1次可以多挂几个瓶子。

③试管贴附法 取1支试管,将消毒过的种菇剪取3厘米,往管内推进约3厘米,贴附在管内斜面培养基表面,管口塞好棉塞,保持棉塞与种菇间距1厘米。也可以将种菇片贴附在经灭菌冷却的木屑培养基上,让菇块孢子自然散落在基料上。

前两种方法见图3-11。

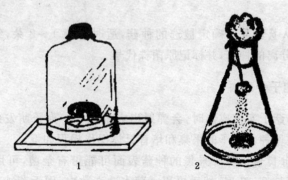

**图3-11 孢子采集**

1. 整朵插菇法  2. 钩悬法

### 4. 组织分离法

组织分离法属无性繁殖法。它是利用虎奶菇子实体的组织块,在适宜的培养基和生长条件下分离、培育纯菌丝的一种简便方法,具有较强的再生能力和保持亲本种性的能力。这种分离法操作容易,不易发生变异。但如果菇体染病,用此法得到的菌丝容易退化;若种菇太大、太老,此法得到的菌丝成活率也很低。组织分离操作程序见图3-12。

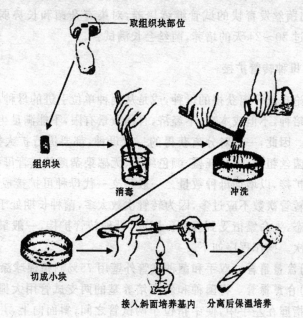

取组织块部位

组织块    消毒    冲洗

切成小块    接入斜面培养基内    分离后保温培养

图3-12 组织分离操作程序

组织分离操作技术方法。

**(1)灭菌消毒** 切去菇体基部的杂质,放入0.1%升汞溶液中浸泡1~2分钟,取出用无菌水冲洗2~3次,再用无菌纱布擦干。

**(2)切取种块** 将经过处理的种菇及分离时用的器具,同时放入接种箱内,取一玻璃器皿,将3~5克高锰酸钾放入其中,再倒入8~10毫升甲醛,熏蒸半小时后进行操作。或用气雾消毒剂灭菌。然后用手术刀把种菇纵剖为两半,在菌盖和菌柄连接处用刀切成

3毫米见方的组织块,用接种针挑取,并迅速放入试管中,立即塞好棉塞。

**(3)接种培养** 将接入组织块的试管,立即放入恒温箱中,在25℃～27℃条件下培养3～5天,长出白色菌丝。10天后通过筛选,挑出菌丝发育快的试管继续培养,对染有杂菌和长势弱的淘汰。经过20～24天的培养,菌丝会长满试管。

### 5. 母种转管扩接

无论自己分离获得的母种,或是从制种单位引进的母种,直接用作栽培种,不但成本高、不经济,且因数量有限,不能满足生产上的需求。因此,一般对分离获得的一代母种,都要进行扩大繁殖。即选择菌丝粗壮、生长旺盛、颜色纯正、无感染杂菌的试管母种,进行转管扩接,以增加母种数量。一般每支一代母种可扩接成5～6支。但转管次数不应过多,因为转管次数太多,菌种长期处于营养生理状态,生命繁衍受到抑制。因此,母种转管扩接,一般最多不超过5次。操作程序如下。

**(1)涂擦消毒** 双手和菌种试管外壁用75％酒精棉球涂擦。

**(2)合理握管** 将菌种和斜面培养基的两支试管用大拇指和其他四指握在左手中,使中指位于两试管之间,斜面向上,并使它们呈水平位置。

**(3)松动棉塞** 先将棉塞用右手拧转松动,以利于接种时拔出。右手拿接种针,将棉塞在接种时可能进入试管的部分,全部用火焰灼烧过。

**(4)管口灼烧** 用右手小指、无名指和手掌拔掉棉塞、夹住。靠手腕的动作不断转动试管口,并通过酒精灯火焰。

**(5)按步接种** 将烧过的接种针伸入试管内,先接触没有长菌丝的培养基上,使其冷却;然后将接种针轻轻接触菌种,挑取少许菌种,即抽出试管,注意菌种块勿碰到管壁;再将接种针上的菌种迅速通过酒精灯火焰区上方,伸进另一支试管,把菌种接入试管的培养基中央。

**(6)回塞管口** 菌种接入后,灼烧管口,并在火焰上方将棉塞塞好。塞棉塞时不要用试管去迎棉花塞,以免试管在移动时吸入不净空气。

**(7)操作敏捷** 接种整个过程应迅速、准确。最后将接好的试管贴上标签,送进培养箱内培养。

母种转管扩接无菌操作方法见图 3-13。

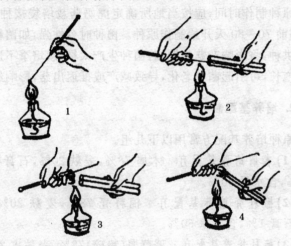

**图 3-13 母种转管扩接无菌操作**
1. 接种针消毒 2. 无菌区接种 3. 棉塞管口消毒 4. 棉塞封口

扩接后的母种,置于恒温箱或培养室内培养,在 23℃～26℃恒温环境下,一般培养 15～20 天,菌丝走满管,经检查剔除长势不良或受杂菌污染等不合格外,即成母种。无论是引进的母种或自己扩管转接育成的母种,一定要经过检验。

## (五)原种制作技术

原种是由母种繁殖而成,属于二级菌种,育成后作为扩大繁殖栽培种用的菌种。因此,对培养料要求高,制作工艺精细。具体技术规程如下。

### 1. 原种生产季节

原种制作时间,应按当地所确定虎奶菇栽培袋接种日期为界限,提前 70~80 天开始制作原种。菌种时令性强,如菌种跟不上,推迟供种,将影响产菇佳期;若菌种生产太早,栽培季不适应,放置时间拖长,可引起菌种老化,导致减产或推迟出菇,影响经济效益。

### 2. 培养基配制

原种培养基配方常用以下几组。

**(1)木屑培养基配方** 木屑 78%,麦麸 20%,石膏粉 1%,石膏 1%,含水量 60%。

**(2)棉籽壳培养基配方** 棉籽壳 78%,麦麸 20%,石灰粉 1%,石膏 1%,含水量 60%。

**(3)秸秆培养基配方** 稻草屑(粉碎)78%,麦麸皮 20%,石灰 1%,石膏 1%,含水量 60%;花生秆(粉碎)78%,麦麸 20%,石灰 1%,石膏 1%,含水量 60%。

**(4)小麦培养基配方** 小麦 5 000 克,石膏粉 150 克,水适量。

**(5)玉米粒培养基配方** 玉米粒 80%,杂木屑 15%,石膏粉 1%,麦麸 4%。

配制方法:按比例称取木屑和棉籽壳、麦麸、蔗糖、石膏粉。先把蔗糖溶于水,其余干料混合拌匀后,加入糖水反复拌匀。棉籽壳拌料妥后,须整理成小堆,待水分渗透原料后,再与其他辅料混合搅拌均匀。其含水量一般为 60%，pH 值为 6.5。谷物培养基制作参照栽培种制作工艺 3 麦料培养基制作技术。

### 3. 装瓶灭菌

原种多采用 750 毫升的广口玻璃菌种瓶，也可用聚丙烯菌种瓶或塑料袋。培养料要求装得下松上紧，松紧适中，过紧缺氧，菌丝生长缓慢；太松菌丝易衰退，影响活力，一般以翻瓶料不倒出为宜。装瓶后也可采取在培养基中间钻 1 个 2 厘米深、直径 1 厘米的洞，可提高灭菌效果，有利于菌丝加快生长。装瓶后用清水洗净、擦干瓶外部，棉花塞口；再用牛皮纸包住瓶颈和棉塞，进行高压灭菌。

木屑培养基灭菌以 0.147 兆帕压力保持 2 小时。棉籽壳培养基高压灭菌，保持 2.5～3 小时。棉籽壳含有棉酚，有碍虎奶菇菌丝生长，因此在高压灭菌时采取 3 次间歇式放气法排除，详见栽培种制作工艺 2 综合培养基栽培制作技术中的"料袋灭菌"。

### 4. 原种接种培养

原种是由母种接入，每支母种可扩接原种 4～6 瓶。具体操作方法见图 3-14。

原种培养室要求清洁、干燥和凉爽。接种后 10 日内，室内温度保持 23℃～26℃。由于菌丝呼吸放出热量，当室温达到 25℃时，瓶内菌温可达到 30℃左右，所以室温不宜超过 27℃。如果室温过高，则菌丝生长差，影响菌种质量。室温超过规定标准时，应采用空调降至适温，同时加强通风。室内空气相对湿度以 70%以下为好。原种培养室的窗户，要用黑布遮光，以免菌丝受光照刺激，原基早现，或基内水分蒸发，影响菌丝生长。当菌丝长到培养基的 1/3 时，随着菌丝呼吸作用的日益加强，瓶内料温也不断升高。此时室温要比开始培育时降低 2℃～3℃，并保持室内空气新

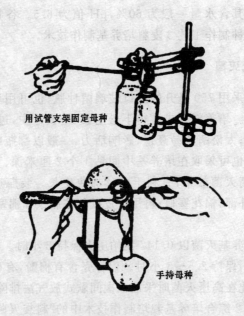

用试管支架固定母种

手持母种

图 3-14 母种接种原种示意图

鲜。20 天之后室温应恢复至 25℃。

## （六）栽培种制作技术

栽培种是由原种进一步扩大繁殖而成，每瓶原种可接栽培种
60 袋。有条件的菇农可进行栽培种的生产，这不仅节约开支，而
且还或免去购买菌种的长途运输。

### 1. 栽培种生产季节

按虎奶菇大面积生产菌袋接种日期，提前 40 天进行栽培种制
作。如安排秋栽，8 月中旬开始菌袋生产，其栽培种要提前于 7 月

上旬进行制作。栽培种的培养基可采用棉籽壳或木屑混合配成，或麦粒培养基。

**2. 综合培养基栽培种制作技术**

**(1)培养基配方**

①配方1　棉籽壳 82 千克，麦麸 16 千克，石灰 1 千克，石膏 1 千克，料与水比例 1∶1～1.2。混合拌匀，装入 12 厘米×24 厘米的菌种袋，每袋湿重 500 克以上。

②配方2　棉籽壳 50 千克，木屑 32 千克，麸皮 15 千克，石灰 2 千克，石膏 1 千克，料与水比例 1∶1～1.2。混合拌匀，装入 12 厘米×24 厘米的菌种袋，每袋湿重 500 克以上。

③配方3　棉籽壳 75 千克，稻草 7 千克，麸皮 15 千克，石灰 2 千克，石膏 1 千克，料与水比例 1∶1～1.2。混合拌匀，装入 12 厘米×24 厘米的菌种袋，每袋湿重 500 克以上。

**(2)料袋灭菌**　采用高压灭菌 3 次放气。

第一次，当锅内压力达 0.49 兆帕时，打开排气阀，排除锅内冷气，待压力降到 0 时，再关闭，让气压上升至 0.24 兆帕。

第二次，打开排气阀，让袋内气体排除；当压力降至 0.176 兆帕时，再关好阀门，让气压回升到 0.245 兆帕时，再行下一次。

第三次，放小气 15 分钟，而后以 0.245 兆帕保持 5 小时，达到彻底灭菌。菇农制作栽培种，也可采用常压灭菌，100℃以上保持 24 小时。

**(3)接种培养**　待料温降至 28℃以下时，在无菌条件下接入虎奶菇原种。每袋原种接栽培种 60 袋。接种后菌袋摆放于室内架床上，培养架 6～7 层，层距 33 厘米，菌袋采取每 3 袋重叠摆列，每列菌袋间留 10 厘米通风路。每平方米架床可排放 180 袋。菌种培养温度控制在 25℃条件下，培养 35～38 天，菌丝走至离袋底 1～2 厘米时，正适龄，生活力强，即可用于栽培虎奶菇。原种扩接栽培种方法见图 3-15。

图 3-15　原种扩接栽培种方法

**3. 麦粒培养基栽培种制作技术**

**(1)培养基配方**　小麦(或大麦、燕麦、玉米)5 000 克,石膏粉 150 克,水适量。

**(2)浸泡烫煮**　先将麦料除去杂物,用水浸泡。温度低时浸 24 小时,温度高时浸 12～16 小时,使麦料既充分吸水,又不发芽, 以浸水后的麦料稍显膨胀为宜,一般以麦料内无夹白心为度。

将浸泡好的麦粒捞起,过 1 次清水,沥干置沸水中烫煮 20～ 30 分钟,或者煮沸 15～29 分钟。麦粒膨大,无破裂,手压有弹性, 一捏即破,而且具有麦料煮熟后的香味。一般以麦粒熟而不烂,透 明发亮的程度为好。

**(3)混合拌料**　将烫煮好的麦粒捞起,过冷水淋洗 1 次后,沥 去多余水分,稍晾干麦粒表面的水分,再拌入木屑或玉米粉、麦 麸、棉籽壳和石膏粉等辅料,搅拌均匀,含水量达 60% 左右。操 作时应先将木屑或棉籽壳与玉米粉、麦麸、茶籽饼粉、石膏粉和 碳酸钙等辅料混合干拌,按 1∶1 的料水比例加水搅拌匀后与麦粒混合拌匀。

**(4)装瓶灭菌** 采用 750 毫升的菌种瓶,装量为瓶高的 3/4,装料后擦净瓶壁和瓶口,塞上棉塞即可。一般采用 500 毫升旧葡萄糖瓶为容器,瓶口小,接种时杂菌入侵机会少。装料后棉花塞口。麦粒(玉米粒)培养基营养丰富,质地坚实,空隙小,灭菌时间应适当延长。一般进行高压灭菌时,应比普通培养基的灭菌时间延长 20~30 分钟;进行常压灭菌时,比普通培养基的时间延长 1~2 小时。灭菌结束及时取出,并用电风扇吹干棉塞以免留在灶内被余热烘干培养料。

**(5)接种培养** 经灭菌后的麦粒培养基,应立即搬入接种室或接种箱内,按常规方法进行消毒、接种和培养。

# (七)菌种选育技术

### 1. 自然选育

自然选育又称人工选择,是有目的地选择并积累虎奶菇自发产生的有益变异的过程,是获得优良菌种较为简单有效的方法。虎奶菇在野生或人工栽培条件下,都有不断产生变异的可能。生产上用的菌种虽然保藏在比较稳定(如低温下)的环境中,但也仍能产生不同程度的变异,这类变异都属自发突变,即不经人工处理而自然发生的突变。变异有两种情况,即正向变异和负向变异,前者是提高产量或改善品质,后者导致菌种衰退和产量下降。为使菌种尽可能减少变异,保持相对稳定,以确保生产水平不下降,生产菌株经过一定时期的使用后,须选择感官性状良好的子实体,用组织分离或单孢分离的方法进行纯化,淘汰衰退的,保存优良的菌种。此即为菌株的自然选育。

**2. 诱变育种**

诱变育种是利用化学或物理因素处理虎奶菇的孢子群体或菌丝体,促使其中少数孢子或菌丝中的遗传物质的分子发生改变,从而引起遗传性改变,然后从群体中筛选出少数具有优良性状的菌株,这一过程就是诱变育种。诱变引起的变异常是突发性的,称为突变。突变常常有利于产量的提高和品质的改善。常用的物理手段为各种射线,适合化学诱变的药剂为:亚硝酸、甲基磺酸乙酯、亚硝基胍、氯化锂、硫酸二乙酯等。

**3. 杂交育种**

杂交育种是指遗传性不同的生物体相交配或结合而产生杂种的过程。依人工控制与否,可分天然杂交和人工杂交;依杂交时通过性器官与否,可分有性杂交和无性杂交;依杂交亲本亲缘远近不同,可分远缘杂交(种间、属间杂交)和种内杂交。虎奶菇的杂交是指不同种或种内不同株菌系之间的交配,以后者更重要。

**4. 细胞融合育种**

细胞融合是 20 世纪 70 年代后期发展起来的一种新的生物育种技术,有人将它与基因工程、发酵工程、酶工程,一起并称为现代生物技术的尖端——遗传工程,这是 20 世纪 70 年代的一项科研成就。

所谓细胞融合,就是使两种不同的体细胞和性细胞,在助融剂和高渗透溶液中脱除各自的细胞壁,并使原生质体融合在一起,再生出细胞壁,组成一种新细胞。这种技术从原则上讲可以打破种与种、属与属,甚至低等生物与高等生物细胞之间的界限,使任何两种细胞融合在一起。一般实验室均具备开展细胞融合试验所用的药品、设备等,所以虎奶菇细胞融合育种是可行的。

## （八）菌种提纯、复壮与保藏

食用菌的遗传稳定是相对的，变异性是绝对的，往往一个优良的菌种衰退转化就会成为劣质的品种。另外，菌种在分离保藏和生产过程中，极易造成杂菌污染，因此必须对菌种进行提纯和复壮。

### 1. 菌种提纯

菌种提纯方法有以下几种。

**(1)孢子稀释提纯法** 在接种箱内，用经过灭菌的注射器，吸取 5 毫升的无菌水，注入盛有孢子的培养皿内，轻轻搅动，使孢子均匀地悬浮于水中，即成孢子悬浮液。再将注射器插上长针头，吸入孢子悬浮液，让针头朝上，静置几分钟，使饱满的孢子沉于注射器的下部，推去上部的悬浮液，吸入无菌水将孢子稀释。然后接入培养基表面，把装有培养基的试管棉塞拔松，针头从试管壁处插入，注入孢子悬浮液 1～2 滴，使其顺培养基斜面流下，再抽出针头，塞紧棉塞，转动试管，使孢子悬浮液均匀分布于培养基表面。接种后将试管移入恒温箱内培养，在 25℃～26℃下培养 15 天，即可看到白色茸毛状的菌丝分布在培养基上面，待走满试管经检查后，即为继代母种。

**(2)排除细菌或酵母菌污染** 在菌种培养中，用肉眼仔细观察培养基表面，不难发现被细菌或酵母菌污染的分离物常出现黏稠状的菌落。取被纯化物接种在无冷凝水、硬度较高（琼脂用量 2.3%～2.5%）的斜面上，再降低培养温度到 15℃～20℃，利用虎奶菇在较高的温度下，菌丝生长速度比细菌蔓延速度快的特点，用尖细的接种针切割菌丝的前端，转接到新的试管斜面培养基中培养，连续 2～3 次就能获得所要的纯菌丝。也可打破试管，挑取内部长有基内菌丝的琼脂块,移入无冷凝水的培养基上。

**(3)排除霉菌污染** 霉菌和细菌不同,它和虎奶菇菌丝很相似,也有气生菌丝和基内菌丝。分离的方法主要是抑制杂菌生长,拉大虎奶菇菌丝生长和杂菌菌丝生长的范围差,从虎奶菇菌落前端切割,移植入新培养基。杂菌发现越早,分离的成功率越大。严格地说,在斜面培养基上的非接种部位发现的白色菌丝,应认为是杂菌菌落,应马上提纯。若有色孢子已出现,一方面易使分生孢子飘散,另一方面其基内菌丝早已蔓延,可能和虎奶菇菌丝混生一起。如霉菌刚出现孢子且尚未成熟、变色,则可采用前端菌丝切割法提纯。转管时先将菌丝接种在斜面尖端,当长满斜面后,及时将原接种点连同培养基一起挖掉;如霉菌菌落颜色已深,说明孢子已成熟,稍一振动孢子就会飘满培养基,若再行上法意义不大;如菌丝蔓延范围较大,可将0.2%升汞或1%多菌灵处理过的湿滤纸块覆盖在霉菌的菌落上,可抑制霉菌生长,防止孢子扩散,后用灭菌接种铲将表层铲掉,随之用接种针钩取基内菌丝移入新的培养基,如此2~3次。

**(4)限制培养** 取直径为7~10毫米、高为4~6毫米的玻璃或不锈钢环,经酒精灯火焰灼烧后趁势放到斜面培养基中央,将环的一半嵌入培养基内,然后将染有细菌的接种块放入环内进行培养。细菌生长会被限制在环内,而虎奶菇菌丝则可越过环而长到环外的培养基上,转管后即可得到纯化。

**(5)覆盖培养** 在污染了细菌的虎奶菇菌丝斜面上倾注一层厚约2毫米的培养基,培养一段时间后,当虎奶菇菌丝透过培养基形成新的菌落时,即可切割转管。最好进行二次覆盖。

**(6)基质菌丝纯化培养** 对棉塞长有霉菌的试管斜面,可将试管打碎,取出培养基,用0.1%升汞浸泡2分钟,用无菌水淋洗,再用无菌纸吸干。取一段2厘米的培养基从中部切开,在断面上用无菌刀片切成米粒大小的块,移入新的斜面上进行培养。

**2. 菌种复壮**

菌种复壮的目的在于确保菌种优良性状和纯度,防止退化。复壮方式有以下几种:

**(1)分离提纯** 重新选育菌种。在原有优良菌株中,通过栽培出菇,然后对不同系的菌株进行对照,挑选性状稳定、没有变异比其他菌株强的,再次分离,使之继代。

**(2)活化移植** 菌种在保藏期间,通常每隔 3～4 个月要重新移植 1 次,并放在适宜的温度下培养 1 周左右,待菌丝基本布满斜面后,再用低温保藏。但应在培养基中添加磷酸二氢钾等盐类,起缓冲作用,使培养基 pH 值变化不大。

**(3)更换养分** 菌种对培养基的营养成分往往有喜新厌旧的现象,连续使用同一种木屑培养基,会引起菌种退化。因此,注意变换不同树种和不同配方比例的培养基,可增强菌种生活力,促进良种复壮。

**3. 菌种保藏**

最常见的菌种保藏方法有以下几种:

**(1)低温保藏** 将母种先用蜡纸或牛皮纸包住管口,再用橡皮筋扎牢,置于 4℃ 左右的电冰箱内存放,每隔 3 个月移植 1 次。

**(2)液状石蜡保藏** 在母种试管内灌入无菌液状石蜡,注入量以浸没斜面上方 1 厘米左右为宜,使菌丝与空气隔绝,降低活力。然后在棉塞处包扎塑料薄膜,直放于室内干燥或低温保藏,一般可以保藏 1～2 年。

**(3)改善环境** 若原种或栽培种已成熟,因一时生产衔接不上,延长接种时间,应将菌种放于卫生干燥、避光、阴凉的房间内摆放;瓶或袋之间拉大距离,注意控温、通风、防潮。有条件的可放在空调房内,调到 5℃ 保藏,防止菌丝老化。

# （九）接种操作技术规程

无论是母种、原种或栽培种，在整个接种过程中都必须严格执行规范化操作技术规程。

## 1. 把握料温

原种和栽培种培养基经过高压灭菌出锅，通过冷却后，一定要待料温降至28℃以下时，方可转入接种工序，以防止料温过高，烫伤菌种。

## 2. 环境消毒

接种前对接种箱（室）进行消毒净化，接种空间保持无菌状态。工作人员必须换好清洁衣服，用新洁尔灭溶液清洗菌种容器表面，同时洗手。然后将菌种带入接种室（箱）内，取少许药棉，蘸上75％酒精擦拭双手及菌种容器表面、工作台面、接种工具。

## 3. 掌握瓶量

原种培养基一次搬进接种箱内的数量不宜太多，一般双人接种箱，一次装入量宜80~100瓶，带入相应数量的母种或原种；单人接种箱减半。如果装量过多，接种时间拖延，箱内温度、湿度会变化，不利于接种后的成品率。

## 4. 菌种净化

将待接种的培养基（如 PDA 培养基或原种培养基或栽培培养基）放入接种箱内或室内架子上，用药物熏蒸，或采用紫外线灯灭菌20~30分钟，注意用报纸覆盖菌种，防止紫外线伤害菌种。

### 5. 控制焰区

点燃酒精灯开始接种操作,酒精灯火焰周围 8～10 厘米半径范围内的空间为无菌区,接种操作必须靠近火焰区。菌种所暴露或通过的空间必须是无菌区。

### 6. 缩短露空

接种提取菌种时,必须敏捷、迅速接入扩接的料瓶内,缩短菌种块在空间的暴露时间。

### 7. 防止烫菌

接种针灼烧后温度上升,不要急于钩取菌种,必须冷却后再取种;菌种出入试管口时,不要接触管壁或管口;也不宜太慢通过酒精灯火焰区,以防烫死菌种。

### 8. 扫尾清残

每次接种完毕,把菌种搬离箱(室)后,应进行 1 次清除残留物,再消毒,以便再利用。

## (十)菌种培养管理关键技术

菌种培养管理应掌握以下关键技术。

### 1. 检杂除害

各级菌种在扩繁接种,转入培养管理后,第一关就检杂除害。起检时间一般是接种后 3 天进行,以后每天一次;检查方法:用工作灯照射菌种瓶,认真观察接种块和培养基表面瓶内四周,有否出现黄、红、黑、绿等斑点或稀薄白色菌丝蔓延,稍有怀疑,宁抛勿留。

一经检查发现污染杂菌,立即隔离,做杜绝污染源处理。

### 2. 控制室温

菌种培养室应控制在 22℃～23℃为宜。专业性的菌种厂必须安装空调机,以便调节室温。越冬升温采用室内安装暖气管,将锅炉蒸汽管输入暖气片,使暖气管升温,这种加温设备很理想。采用空调机电力升温更好。一般菌种厂可在培养室内安装电炉或保温灯泡升温。要注意瓶内菌温一般会比室温高 2℃～3℃,因此升温时,应掌握比适温调低 2℃～3℃为宜。随着菌丝生长发育,菌温也逐步上升,因此在适温的基础上,每 5 天需降低 1℃,以利于菌种正常发育。

### 3. 干燥防潮

菌种培养是在固定容器内生长菌丝体,只要培养基内水分适宜,湿度控制比较容易。培养室内的空间相对湿度要求控制在 70% 以下,目前主要依照自然条件即可。但在梅雨季节,要特别注意培养室的通风降湿。因为此时外界湿度大,容易使棉花塞受潮,引起杂菌污染。这个季节可在培养室内存放石灰粉吸潮,同时利用排风扇等通风除湿。若气温低时,可用加温、除湿的办法,降低培养室内的湿度。

### 4. 排除废气

冬季用煤炭加温时,要防止室内二氧化碳沉积伤害菌丝。在培养温度控制时,应该注意通风透气。在菌种排列密集的培养室内,注意适当通风;培养室内上下各设若干窗口,便于冷热空气对流通风。窗口大小依菌种数量多少、房间大小而定。

## 5. 适度光照

虎奶菇菌种培养不需要光照,阳光照射会使基质水分蒸发,菌种干缩,引起菌种老化。为此培养室门窗必须挂遮阳网,开窗通风时可避免阳光照射。

# 四、虎奶菇栽培管理技术

## （一）菌株选择

目前国内虎奶菇菌种的菌株可供大面积栽培的只有临川虎奶菇。该品种通过 12 年的栽培试验,证明品质优良,性状稳定,生物转化率可达 80%～100%。子实体分化温度为 22℃～40℃。菌丝生长速度快,并能抗木霉、青霉感染,适应棉籽壳、豆秸、玉米芯等多种农业下脚料。

## （二）栽培季节安排

虎奶菇属于高温型的食用菌,自然气温栽培一般为秋、春两季长菇。具体栽培时间的安排,应根据虎奶菇菌丝生长适宜温度 18℃～33℃,出菇适宜温度 20℃～33℃,秋季气温稳定在 16℃～30℃时,为首批菇发生日期。依次上溯 40 天为首批接种期,当地温度不超 30℃,不低 16℃;接种后 40 天进入出菇期,当地温度不低 10℃,不超 30℃。这样使发菌培养处于适温,出菇阶段温度适宜,有利稳产高产。

以接种期为基数,然后上溯 75 天为栽培种制作日,上溯 105 天为原种制作日,上溯 115 天为母种转管扩繁。如果 5 月 15 日头潮菇发生日期,则 2 月 25 日为一级种制作期,8 月初为末批播期。这样,出菇季节为 5 月至 8 月初。由于各地气候条件不同,故出菇季节也不同,栽培者应根据本地的气温情况,灵活掌握栽培季节。

# （三）菌袋生产工艺

虎奶菇适于袋料栽培。培养料的处理方法依原料质地和洁净程度，栽培季节与地区气温高低而选择生料、熟料和发酵料。一般以棉籽壳为原料的，气温低于 20℃时投料以生料为主。若是玉米芯、秸秆作主料，或陈旧棉籽壳作主料的，气温 25℃左右时，以发酵为主；锯末屑作为主为料，或在 25℃以上的投料时，以熟料为主。其工艺流程如下：

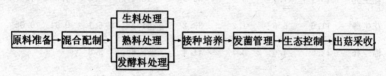

# （四）原料处理与配制技术

## 1. 主要原辅料

（1）原料栽培主料 是在栽培基质中占数量比重大的营养物质，简称主料。主料是以碳水化合物为主的有机物，为虎奶菇提供主要的能量来源和菇体构成成分。常用有棉籽壳、玉米芯、木屑、棉秆、大豆秸、花生藤、花生壳、大豆荚、废棉、甘蔗渣。其营养成分见表 4-1。

表 4-1  常用栽培主料营养成分  （％）

| 材料 | 水分 | 粗蛋白 | 粗脂肪 | 粗纤维（包括木质素） | 无氮浸出物（可溶性碳水化合物） | 粗灰分 | 钙 | 磷 |
|---|---|---|---|---|---|---|---|---|
| 棉籽壳 | 13.6 | 5.0 | 1.5 | 34.5 | 39.9 | 5.9 | — | — |
| 玉米芯 | 8.7 | 8.0 | 0.7 | 28.2 | 58.4 | 2.0 | 0.40 | 0.25 |
| 木屑 | — | 1.5 | — | 95.0 | — | — | — | — |
| 大豆秸 | 10.0 | 7.1 | 1.1 | 28.7 | 47.3 | 5.5 | — | — |
| 花生壳 | 10.1 | 7.7 | 5.9 | 59.9 | 10.4 | 6.0 | 1.08 | 1.07 |
| 花生藤 | 11.6 | 6.6 | 1.2 | 33.2 | 41.3 | 6.1 | 0.91 | 0.05 |
| 棉秆 | 12.6 | 4.9 | 0.7 | 41.4 | 36.6 | 3.8 | — | — |
| 大豆荚 | 14.6 | 10.3 | 2.5 | 23.3 | 34.5 | 14.9 | — | — |
| 废棉 | 12.5 | 7.9 | 1.6 | 38.5 | 30.9 | 8.6 | — | — |
| 甘蔗渣 | — | 4.2 | — | 71.8 | — | 14.0 | 0.34 | 0.07 |

（2）辅助原料  是栽培基质中配量虽少,但可增加营养、改善化学和物理状态的一类物质,简称辅料。常用的辅料大致可分为两类:一类是天然有机物质,如麸皮、米糠、玉米粉、酵母粉、蛋白胨等(营养成分见表4-2)。另一类是化学物质,有的以补充氮素为主,如尿素等;有的以调整酸碱度为主,如生石灰、碳酸钙等。

表 4-2　常用有机辅料营养成分　（%）

| 材　料 | 水　分 | 粗蛋白 | 粗脂肪 | 粗纤维 | 碳水化合物 | 粗灰分 | 钙 | 磷 |
|---|---|---|---|---|---|---|---|---|
| 麸　皮 | 12.8 | 11.4 | 4.8 | 8.8 | 56.3 | 5.9 | 0.15 | 0.62 |
| 米　糠 | 9.0 | 9.4 | 15.0 | 11.0 | 46.0 | 9.6 | 0.08 | 1.42 |
| 玉米粉 | 14.1 | 7.7 | 5.4 | 1.8 | 69.2 | 1.8 | — | — |
| 大豆饼 | 13.5 | 42.0 | 7.9 | 6.4 | 25.0 | 5.2 | 0.49 | 0.78 |
| 菜子饼 | 10.0 | 33.1 | 10.2 | 11.1 | 27.9 | 7.7 | 0.26 | 0.58 |
| 花生饼 | 10.4 | 43.8 | 5.7 | 3.7 | 30.9 | 5.2 | 0.33 | 0.58 |
| 棉籽饼 | 9.5 | 31.3 | 10.6 | 12.3 | 30.0 | 6.3 | 0.31 | 0.97 |
| 黄豆粉 | 12.4 | 36.6 | 14.0 | 3.9 | 28.9 | 4.2 | 0.18 | 0.4 |

## 2. 选择与预处理

选择与预处理目的，在于培养料适合装袋和利于菌丝的吸收。处理标准是细度、容重、软化和干燥。处理的方法是切碎、粉碎和晾晒。

**(1) 细度**　细度即颗粒大小。主料中的棉籽壳、锯末、废棉原料原始状态不同、粉碎的效果不同，决定是否再粉碎和细度大小。棉籽壳、锯末、废棉、糖醛渣不做粉碎处理即可，玉米芯、大豆秸、大豆荚可用秸秆粉碎机加工，玉米芯最大颗粒要小于 0.8 厘米，花生壳等通过 0.3 厘米筛为好。枝杈材用菇木切片粉碎机加工，最大颗粒应小于 0.3 厘米。木屑用前要经筛选。

**(2) 密度**　密度是单位容积内所含干物的质量。袋栽的装料量多少，直接影响产量的高低，也关系到菇棚设施的投资收益。棉籽壳密度为每立方米厘米 0.21～0.25 克，锯末、玉米芯略低，玉米秸秆粉的密度为每立方厘米 0.176 克。

**(3)软化** 软化的目的有 3 个:一是增加密度,如用秸粉直接装袋,无论用多大人力去压实,其密度仍比棉籽壳小得多,若经拌加 3%~5% 石灰水堆制软化 1~2 天,就会使中空纤维组织软化后,再装袋密度就增加了;二是使料腐熟和去除有害成分,如用松木屑要把木屑堆于室外,长期日晒雨淋,让木屑中的树脂、挥发性油及有害物质完全消失后可栽培;三是适于袋装的秸秆、木屑类栽培料,若不堆积软化,容易扎破塑料袋,造成污染。

**(4)干燥** 虎奶菇生产常是当年备料,来年栽培使用。干燥就是要把粉碎或购进的原料反复晾晒,然后,再装袋垛放。翌年使用前要开包检查霉变情况。

**3. 培养料组配原则**

由于原料品种不同,其营养成分不一,配料时掌握以下 4 个原则。

**(1)碳氮合理搭配** 许多人在配料时添加氮源,似乎多多益善,其结果是花钱多不说,效果还不明显。具体组配时,可以棉籽壳配方为依托,根据替换料的营养情况增减辅料。含氮辅料的选用本着有机料为主,化学料为辅的原则,化学辅料尽量少用,并注意使用方法,防止产生毒害。

**(2)软硬搭配** 一般质地软的料,纤维素含量多,质硬的料木质素多,两者搭配能解决软质料菌丝生长期菌袋坍塌,子实体生长期营养供给乏力的问题。

**(3)粗细搭配** 细度小透气性差,颗粒大的料透气性好,但易失水干结,两者相结合,就形成了透气、保水,利于菌丝生长的环境。

**(4)化学性质搭配** 防止毒副作用产生,如石灰和磷酸二铵,若同时使用,会有明显的氨产生。氨的存在将危害菌丝的正常生长。栽培料中添加超过 0.1% 的尿素,尿素会受高温分解放氨,受菌类的催化降解放氨,均是应注意的问题。

### 4. 常用培养基配方

虎奶菇栽培的常用培养基配方有以下几组,供选择性取用:①杂木屑 77%,麸皮或米糠 20%,白糖 1%,石膏 1%,石灰 1%,含水量 60%。②棉籽壳 84%,麸皮或米糠 14%,石膏 1%,石灰 1%,含水量 60%。③稻草粉或麦秸粉 80%,麸皮 12%,玉米粉 6%,石膏 1%,石灰 1%,含水量 60%。④棉籽壳 50%,木屑 34%,麸皮 14%,石灰 1%,石膏 1%,含水量 60%。⑤棉籽壳 38%,麸皮 20%,白糖 1%,碳酸钙 1%,含水量 60%。⑥玉米芯 38%,棉籽壳 30%,木屑 10%,麸皮 20%,蔗糖 1%,碳酸钙 1%。

### 5. 拌料与分装

(1)拌料 拌料要求拌匀,是指把配方提供的栽培主料、辅料,以及水混合搅拌均匀。拌匀的原则是从小量到大量,依次混合。先把石膏拌入麸皮,麸皮再撒入摊开的主料上,再用铲翻拌后再加水。具体拌匀的方法有人工拌料、半机具拌料、全机具拌料多种。

人工拌料的基本操作是拌、闷、扫。"拌"是把主料、辅料各组分混匀,尤其是麸皮,混匀前加水易吸水黏结成团;"闷"是把加水后的料堆成堆,使其吸收水分;"拌"是把堆闷料的干块打散,复又成堆,使其充分吸收水分;"扫"就是用扫帚将吸湿成团的料块打散,并拣出发霉料块。

半机具拌料只是借助机具把经人工闷、拌、扫的料,经高速旋转的铁棒搅拌开。

全机具拌料是根据拌料室容积,计算出 1 次总拌料干重,再推算出主料重、辅料重、水重,而后依次倒入拌料室,盖好拌料室盖,启动动力源,将料 1 次混匀的拌料方法。一般的搅拌机 1 次能搅拌 100～200 千克干料。目前推广使用自走式培养料搅拌机,每小时可拌料 5 000 千克。

（2）分装　分装的方法有手工分装和机械分装。分装的容器有袋装和瓶装。袋装即用塑料膜袋将栽培料分隔包装。栽培袋多用低压聚乙烯或聚丙烯原料吹制成型袋。所用薄膜袋的规格不同,装料量有别:短袋的常用 15 厘米×3 厘米或 17 厘米×37 厘米袋,每袋装干料量 300～350 克或 450～500 克;而长袋则采用 15 厘米×55 厘米或 17 厘米×50 厘米的,每袋干料 800～1 000 克。瓶装有塑料瓶和玻璃瓶。塑料瓶为耐高压的聚丙烯塑料制成,白色半透明,容量为 850～1 000 毫升,瓶盖由盖体和泡沫过滤片组成。玻璃瓶常见的是广口罐头瓶和输液瓶,容量 500 毫升,用棉塞封口。

# （五）培养基灭菌技术

灭菌要求达到栽培原料的无菌状态,具体常用以下几种。

## 1. 高压蒸汽灭菌法

（1）原理　高压蒸汽灭菌法是利用高温高压蒸汽温度高、热量大、穿透力强的能力,使杂菌体内蛋白质变性而被杀灭的方法。高压蒸汽灭菌可以杀死一切菌类微生物,包括细菌的芽孢,真菌的孢子或休眠体等耐高温的个体。灭菌蒸汽的温度随压力增加而升高,增加蒸汽压力,灭菌的时间可以大大缩短,是一种最有效的、使用最广泛的灭菌方法。蒸汽压力与蒸汽温度的关系见表 4-3。具体采用的蒸汽压力与灭菌时间,应根据灭菌物质的种类,在锅内排放疏密作适当调整。一般灭菌压力为 103 千帕（1.05 千克/厘米$^2$）,此时温度约 121℃。

表4-3 蒸汽压力与温度关系

| 压力<br>千帕(千克/厘米²) | 温度<br>(℃) | 压力<br>千帕(千克/厘米²) | 温度<br>(℃) | 压力<br>千帕(千克/厘米²) | 温度<br>(℃) |
|---|---|---|---|---|---|
| 6.86(0.070) | 62.08 | 62.08(0.633) | 114.3 | 117.19(1.195) | 123.3 |
| 13.83(0.141) | 104.2 | 69.94(0.703) | 115.6 | 124.15(1.266) | 124.4 |
| 20.69(0.211) | 105.7 | 75.90(0.744) | 116.8 | 137.88(1.406) | 127.2 |
| 27.56(0.281) | 107.3 | 82.77(0.844) | 118.0 | 151.71(1.547) | 128.1 |
| 34.52(0.352) | 108.8 | 89.63(0.914) | 119.1 | 165.44(1.687) | 129.3 |
| 41.38(0.422) | 109.3 | 96.50(0.984) | 120.2 | 166.32(1.696) | 131.5 |
| 48.25(0.492) | 111.7 | 103.46(1.055) | 121.3 | 178.48(1.82) | 133.1 |
| 55.21(0.563) | 113.0 | 109.88(1.12) | 122.4 | 206.82(2.109) | 134.6 |

**（2）操作程序** ①检查各部件完好情况，如安全阀、排气阀是否失灵，是否被异物堵塞，防止操作过程中，发生故障和意外事故。②向灭菌锅内加水至水位标记高度，如水过少，易烧干造成事故。如灭菌锅直接通蒸汽，则不加水。③将待灭菌的栽培料袋、料瓶或其他物品等分层次整齐地排列在锅内，留有适当空隙，便于蒸汽的流通，以提高灭菌效果。④盖上锅盖，对角同时均匀拧紧锅盖上的螺栓，防止漏气。⑤关闭放气阀门开始加热。当锅内压力上升至49.04千帕(0.5千克/厘米²)，打开放气阀，排尽锅内冷空气，使压力降至0处，再关上放气阀。甚至还可再升至0.5千克/厘米²，再放冷气回零。放尽冷气这一点很重要，如果冷空气未放净，即使锅内达到一定压力时，温度仍达不到应有程度，就会影响灭菌效果（表4-4）。⑥继续加热，当锅内压力升至98.07千帕(1.05千克/厘米²)时，温度为121℃，即为灭菌的开始时间。这时应减少热源，调节热源大小，保持所需要的压力，棉籽壳栽培料经1.0～2.5小时，即可达到彻底灭菌。压力维持期间，还应注意压力在加热时

的突然下降,若出现这种情况,表明锅内已无水,应迅速停止加热。
⑦关闭热源,待压力自然下降或用放气阀放至 0 时,打开锅盖,取出灭菌物品。

表 4-4　冷气存在下高压锅内的温度变化

| 千　帕<br>(千克/厘米²) | 高压蒸汽中的温度(℃) | | | | |
|---|---|---|---|---|---|
| | 空气<br>未排除 | 1/3 空气<br>排除时 | 1/2 空气<br>排除时 | 2/3 空气<br>排除时 | 空气<br>排尽 |
| 34.32(0.35) | 72 | 90 | 94 | 100 | 109 |
| 65.65(0.70) | 90 | 100 | 105 | 109 | 115 |
| 102.97(1.05) | 100 | 109 | 112 | 115 | 121 |
| 138.27(1.41) | 109 | 115 | 118 | 121 | 126 |
| 172.60(1.76) | 115 | 121 | 124 | 126 | 130 |
| 196.13(2.00) | 121 | 126 | 128 | 130 | 135 |

### 2. 常压高温灭菌法

常压高温灭菌常采用常压灭菌灶或常压灭菌槽进行蒸汽高温灭菌。

(1)常压灶灭菌法　这是采用自然压力的蒸汽进行灭菌的方法,虎奶菇培养基的灭菌,多采用常压高温的物理灭菌方法,来达到杀灭有害微生物的预期目的。灭菌工作的好坏,直接关系到培养基的质量和杂菌污染率。一些栽培者在灭菌上麻痹大意,马虎从事,致使培养料酸变或灭菌不彻底,接种后杂菌污染严重,菌袋成批报废,损失严重。为此,灭菌操作应做好以下事项。

①及时进灶　培养料未灭菌前,存有大量微生物群。在干燥条件下,这些微生物处于休眠或半休眠状态。特别是老菇区,空间

杂菌孢子甚多,当培养料调水后,酵母菌、细菌活性增强,加之配料处于气温较高季节,培养料营养丰富,装入袋内容易发热。如未及时转入灭菌,酵母菌、细菌加速繁殖,会将基质分解,导致酸败。因此,装料后要立即将其入灶灭菌。

②合理叠袋 培养料进灶后的叠袋方式,应采取一行接一行,自下而上地重叠排放,使上下袋形成直线;前后叠的中间要留空间,使气流自下而上地畅通,仓内蒸汽能均匀运行。有些栽培者采用"品"字形重叠,由于上袋压在下袋的缝隙间,气流受阻,蒸汽不能上下运行,会造成局部死角,使灭菌不彻底,因此灶内叠袋必须防止堵压缝隙。

如果是采用大型罩膜灭菌灶,一次容量为3 000袋。叠袋时,四面转角处横向交叉重叠,中间与内腹直线重叠,内面要留一定的空间,让气流正常运行,叠好袋后,罩紧薄膜,外加麻袋,然后用绳索缚扎于灶台的钢钩上,四周捆牢,上面压木板加石头,以防蒸汽把罩膜冲飞。

③控制温度 料袋进蒸仓后,立即上下旺火猛攻,使温度在5小时内迅速上升到100℃,这叫"上马温"(即从点火到100℃)。如果在5小时内温度不能达到100℃,就会使一些高温杂菌繁衍,使养分受到破坏,影响袋料质量。达到"上马温"100℃后,要保持12~16小时,中途不要停火,不要掺冷水,不要降温,使之持续灭菌,防止"大头、小尾、中间松"的现象。

大型罩膜灭菌灶,膜内上温较快,从点火到100℃不到2小时。但因容量大,所以上升到100℃后应保持24小时,也就是一昼夜左右,才能达到彻底灭菌之目的。

④认真观察 在灭菌过程中,工作人员要坚守岗位,随时观察温度和水位,检查是否漏气。砖砌水泥专用灭菌灶的蒸仓正面上方,设有温度观察口,应随时用棒形温度计插入口内,观察温度。如果温度不足,则应加大火力,确保持续不降温。锅台边安装有2

个水位观察口,锅内有水,热水从口中流出;若从口中喷出蒸汽,表明锅内水已干,应及时补充热水,防止烧焦。

砖砌灭菌灶,由于蒸仓膛壁吸热,所以上温较慢,一般从点火上升到100℃需5小时。灭菌时应先排除蒸仓内的冷气,让其从仓顶排气口排出,1~2小时后再把排气门堵塞,并用湿麻袋或泥土、石头压住;同时检查仓壁四周是否出现漏气,如有漏气应及时用湿棉塞塞住缝隙,杜绝漏气。尤其是采用木框蒸笼灭菌灶的,蒸汽往往从层间缝隙喷出,应及时堵塞,以免影响灭菌效果。

⑤卸袋搬运　袋料达到灭菌要求后,即转入卸袋工序。卸袋前,先把蒸仓门板螺丝旋松,把门扇稍向外拉,形成缝隙,让蒸汽徐徐逸出。如果一下打开门板,仓内热气喷出,外界冷气冲入,一些装料太松或薄膜质量差的料袋,突然受冷气冲击,往往膨胀成气球状,重者破裂,轻者冷却后皱纹密布,故需待仓内温度降至60℃以下时,方可趁热卸袋。卸袋时,应套上棉纱手套,以防被蒸汽烫伤。如发现袋头扎口松散或袋面出现裂痕,则应随手用纱线扎牢袋头,用胶布贴封裂口。卸下的袋子,要用板车或拖拉机运进冷却室内。车上要下铺麻袋,上盖薄膜,以防止刺破料袋和被雨水淋浇。

**(2)灭菌槽灭菌法**　灭菌槽是蒸仓与蒸汽发生装置分离,蒸仓固定的常压灭菌设施。

①灭菌槽结构　灭菌槽是用水泥、砖砌成的长方形或方形蒸仓,蒸汽发生装置是常压或高压产汽锅炉,两者用通气管相连。灭菌槽底高于周围地面且略呈坡形,在地势稍低一端的墙上预埋铁管,作冷水、冷汽泄孔,地势稍高的一端预埋带阀门的铁管,作水蒸气入孔。槽底用砖平铺成12厘米的洞,作蒸汽通道和存留冷水之用。槽顶不封或半封顶,敞开的地方用塑料薄膜和长方形木板盖严。为便于装袋与出槽,一般是1个锅炉带2个灭菌槽,轮流使用。容积3.5米³的槽可容纳1吨干料。

常压灭菌槽的使用及灭菌效果检查与灭菌灶相同,最好是装袋时埋入耐压温度计探头,表盘固定在适宜位置随时观测料温变化。类似灭菌槽的设计还有灭菌室,灭菌室封顶,侧开大门,多层架铁车装栽培料袋,码放或移动菌袋方便。

②灭菌包配套 灭菌包是用塑料薄膜、苫布临时包裹成的蒸仓,蒸汽发生装置是常压或高压产汽锅炉。两者用通气管相连。灭菌包的底部用砖、架板在地面上铺成的平台,上面再衬一层普塑料编织袋,铺设时留有孔道便于蒸汽流通。

③灭菌操作 灭菌包装填物料时,先把部分菌袋立着装入大编织袋内,扎住口,一袋一袋沿灭菌包底外沿垛成围墙,里面空间再摞放菌袋,最后塑料薄膜苫布盖严。苫布四边各用长杆卷起,固定在地面上。包的四角各预埋 1 根橡胶软管自包底引出包外,作冷汽泄孔。灭菌包的容积以容纳 2 吨干料为宜,约 4～6 米³ 体积大小。灭菌包的使用、温度监测、效果检查与灭菌灶相同。

④注意事项 灭菌槽、灭菌包的蒸仓与蒸汽产生装置由一体走向分离,蒸仓容积由恒定变成可变,这些影响热量分布的要素变化必须引然引起灭菌效果的变化。为保证良好的灭菌效果,必须注意产汽量锅炉的配置,在投料量相对不变的情况下,通过灭菌效果观察,形成特定灭菌设施的灭菌时间常数;不能为加快投产速度,盲目增加灭菌料量;保持槽内料袋间温度在 95℃～102℃。

### 3. 堆制发酵控菌法

(1)原理 采用堆制的形式,将加水原料产生的热量蓄积起来,营造出高温环境,以杀死不耐高温的杂菌控制方法。实质上是发酵消毒和调整菌物的种群结构。发酵是虎奶菇栽培料的处理方法之一,有自然堆制发酵和加菌堆制发酵两种类型。经发酵处理的培养料称为发酵料。

(2)堆制发酵方法

①自然堆制发酵 栽培料按配方加水拌匀后,堆制成高 0.8

米,宽1.5米,长依料量而定的垛,垛上遍扎透气孔后,覆以草苫、编织袋或塑料薄膜保湿升温。当顶层20厘米处温度升至50℃时,开始翻料倒垛,使上层料变成下层料,外层料变成里层料,再扎孔覆膜,如此经2~4次翻拌后,散堆散温即告完成。发酵好的培养料,横断面上长满了耐高温真菌和放线菌菌丝,遇风后菌丝断裂,显现出一个个点状白斑,料有略带土腥味的香气,无酸臭异味。堆制发酵主要是促进菌物的有氧代谢,在操作中应注意:料堆要喧,不能踩压、拍实;初次加水不能太多;覆膜的作用主要是保湿,为增加氧供应,宜支架起来。

②加菌堆制发酵 这是着意依靠有益菌群,加速自然堆制发酵的培养料处理方法。如"阿姆斯食用菌原料催熟剂"就是一种加速发酵的菌制剂。菌剂加入后,能在最短时间内形成栽培料内的有益优势种群,并完成营养的分解、优化、为菇类的生长提供专一性的基质,达到以菌治菌,以菌促菌的目的。操作时,按用量要求将催熟剂溶于水拌入培养料内,以后的步骤和自然堆制发酵的相同。

### 4. 堆制诱发灭菌法

**(1)原理** 堆制诱发灭菌法是集堆制发酵灭菌与常压蒸汽灭菌优点于一身的培养料灭菌新技术。原理概括为3个:一是杀菌而不是抑菌。先诱导杂菌孢子萌发,然后再蒸汽灭菌,将其彻底杀死,对料内杂菌杀灭彻底,保证发菌阶段不再污染;二是诱发灭菌而不是直接灭菌。灭菌过程包括对杂菌孢子的诱导萌发和灭菌两个阶段。三是堆制诱发而不是堆制发酵。料堆升温,主要是促使孢子萌发,不再靠发酵热杀菌,但同时又具有发酵的一些特点,即经堆制诱发和灭菌的培养料得到腐熟软化,降低了料中可溶性糖和氮的含量,减少了杂菌孢子赖以迅速萌发和生长的物质基础。

**(2)设施** 灭菌灶、灭菌槽、灭菌包均可,其建造与使用基本方法见上述。

**(3)操作** 类似于自然堆制发酵,但重点在于控温诱导孢子萌发。拌好的料堆成高 0.8 米、宽 1.5 米的垛,长不限。上盖塑料薄膜保湿升温,即进入堆制升温,诱导孢子萌发阶段。当料深 0.4 米处的温度至 40℃～45℃时,揭开薄膜上下翻倒混合均匀,再堆成原状。以后每隔 24 小时翻垛 1 次,前后翻堆 3 次,即可装袋灭菌。堆温升至 40℃～45℃,夏季需时最短,冬季用时较长。因此,在冬季可借助通汽预热的措施提高堆制诱发的起始温度,以缩短诱发时间。往槽、灶、包内装袋,料袋间、垛间应留有空隙,以利于蒸汽流通。常压灭菌时,当表层 15 厘米处料温升至 95℃时,维持 1～3 小时(视灭菌量而定,以热透为准),即可停止给汽,短时蒸汽灭菌处理,可开放接种而不污染。适宜于高温季节和种菇老区特别是污染严重的地区采用。

**5. 药物控菌法**

药物控菌是利用化学药剂来预防和防治原料中杂菌危害。该法比灭菌的效果差,属于消毒的范畴。根据使用和浓度以及杂菌所处的生理状态,药物对杂菌的控制程度分为抑制和杀灭。根据药物作用、菌物种类的多寡分为选择性和非选择性杀菌剂,前者作用菌谱窄,仅对某些菌类的孢子萌发和菌丝生长产生影响,多为营养性杀真菌剂;后者作用菌谱广,对接触到的几乎所有菌类的营养体和繁殖体均能产生影响,多是消毒杀虫用药。药物控菌大多用于不经蒸汽灭菌的栽培料处理,这种栽培料叫生料;也可以在蒸汽处理前加入料内,再经高压或常压灭菌。

**(1)多菌灵** 杀菌机制是干扰菌的有丝分裂过程。主要用 50%可湿性粉剂型、40%胶悬剂两种剂型,配制成 0.1%～0.2% 水溶液用于拌料,防止木霉、链孢霉等的污染。

**(2)甲基硫菌灵** 选择性杀菌机制是在植物体内转化为多菌

灵、干扰菌的有丝分裂中纺锤体的形成,影响细胞分裂。主要剂型有 50%、70% 可湿性粉剂,其占干料重的 0.1%～0.15% 混合拌料,可预防木霉污染。

**(3)克霉灵** 非选择性杀菌剂,化学名称二氯异氰尿酸钠,属有机氯类杀菌剂。作用机制包括三方面:一是遇水分解形成次氯酸的氧化作用;二是新生态氧的作用;三是氯化作用。使用浓度为干料重的 0.07%～0.1%。克霉灵可整体上降低料中杂菌浓度,其遇水分解,作用时间短;多菌灵是选择抑制某些霉菌的生长,作用时间长,建议联合用药,以提高控菌效果。但克霉灵与多菌灵一起混合会引起剧烈的化学反应,最好是先用克霉灵,十几个小时后再拌入多菌灵。

# (六)接种消毒与灭菌操作

## 1. 接种空间消毒

常用消毒方法有以下几种,可任选使用。

**(1)甲醛熏蒸** 甲醛一般为 40% 的水溶液,即福尔马林。有强烈的刺激气味,它能使菌物的蛋白质变性,对细菌、霉菌具有强烈的杀伤作用。每立方米空间用量为 8～10 毫升。用法是将甲醛溶液放入一容器内,加热使甲醛气体挥发;或用 2 份甲醛溶液加 1 份高锰酸钾混合在一起,利用反应产生的热量使其挥发。

**(2)紫外线照射法** 紫外线的杀菌作用最强的波长是 2 600 埃,可导致细胞内核酸和酶发生光化学变化而使细胞死亡,其有效作用距离为 1.5～2 米,以 1.2 米以内为最好。照射 20～30 分钟,空气中 95% 的细菌会被杀死。紫外线无穿透能力,若物品堆积过多过密,将影响杀灭效果。

**(3)烟雾剂熏蒸** 常用烟雾异氰尿酸钠作杀菌剂。烟雾剂的杀菌机制与二氯异氰尿酸钠溶于水的灭菌机制相同,杀菌剂与烟雾中的小水滴发生反应生次氯酸、活性氧、活性氯,其与菌体蛋白反应,使之变性而杀死菌物。烟雾剂的用量是每立方米 4~8 克。

**(4)臭氧发生器**　臭氧消毒器以干燥的空气为原料,经过冷阴极辉光放电将氧电离为原子,并使之碰撞,其中 1 个氧原子和 1 个氧分子结合成臭氧,臭氧分解成氧气和新生态氧。此种新生态氧作用于细菌、真菌等的细胞壁和细胞膜,反应脂质的双键。在进行这一作用时,细胞膜被破坏,从而达到灭菌效果。臭氧杀菌具有高效彻底,高洁净性,无二次污染等优点。

**(5)喷施消毒剂**　常用消毒剂有 2% 来苏儿、0.25% 新洁尔灭、2% 过氧乙酸、0.1% 克霉灵等。以上溶液喷雾,使接种空间布满雾滴,加速空气中的微尘粒子和杂菌沉降,防止地面上灰尘飞扬,达到杀菌作用。用于开放场地以及盛种器皿消毒,也能收到减少污染的效果。

### 2. 接种工具消毒

接种工具消毒的目的是控制接种过程带进杂菌,常用以下方法。

**(1)火焰灭菌**　将能耐高温的器物,如金属用具等直接放在火焰上烧灼,使附着在物体表面的菌物死亡,称为火焰灭菌。灭菌时,将接种工具的接种端放在酒精火焰 2/3 处,来回过两三次,烧红几秒钟,然后使其自然冷却后,即可使用。

**(2)酒精**　酒精学名乙醇,能使菌体蛋白质脱水变性,致使菌物死亡。70%~75%酒精的杀菌作用最强,由市售 95% 乙醇 100毫升加水 25~30 毫升配制成。灭菌时,将接种工具的接种端直接温泡在酒精内,未浸泡的部分用镊子夹取酒精棉冲淋擦洗。使用时,自酒精内取出工具,抖去黏附的酒精,晾干或用酒精灯烤干。酒精易燃挥发、应密封保存。

**(3)来苏儿** 即50%煤酚皂溶液,消毒能力比石炭酸强4倍。用50%来苏儿40毫升,加水960毫升,配成2%来苏儿溶液,将接种工具浸泡2分钟,即达到消毒目的。

**(4)新洁尔灭** 是一种具有消毒作用的表面活性剂,使用浓度为0.25%溶液(用原液5%新洁尔灭50毫升,加水950毫升)。泡洗工具消毒。因不宜久存,应随用随配。

### 3. 接种无菌操作技术规程

接种无菌操作是防止"病从口入"的技术措施,具体操作如下。

**(1)放** 即把菌种瓶或袋、被接种的瓶或袋、接种工具、酒精灯、火柴等用品依次放入接种箱或接种室内。

**(2)灭** 即用甲醛、烟雾剂进行空间消毒。灭菌前应检查套袖是否卷起堵严了袖口,发现其他漏气的地方,应用胶带或报纸、糨糊封严,密闭30分钟。

**(3)擦** 即用酒精、来苏儿擦拭,不能用火焰消毒的皮肤、菌种容器及其他器具表面。

**(4)烧** 即用酒精灯的灼烧接种工具、菌种的管口部分。

**(5)接** 即包含菌丝体的培养基转移,可根据菌种的状况决定用什么工具,或接种针,或接钟匙,或镊子。

**(6)清** 即把被接种的瓶或袋移走,把原菌种的空瓶或试管移走,再用酒精棉等消毒药棉把接种工具擦拭干净,摆放整齐,然后扫除箱底或地面菌种碎屑等杂物,重归卫生清洁状态。

## (七)发菌培养管理技术

接种后的菌种在新的基质上萌发吃料,直至长透整个基质,这阶段为发菌培养。具体技术如下。

## 1. 养菌场所

接种后的菌袋,进入菌丝培养阶段,其培养场所可采用以下几种。

**(1)专门培养室** 培养室的大小和数量,可根据生产规模而定。培养室要求干净、通风、光线暗、干燥。室内放置层架,用电炉、暖气片或火墙供热,门口挂棉门帘保温。控温仪与电炉配套使用,以保持温度的恒定,用干湿球温度计检测温度和湿度。

**(2)简易培养室** 用闲置房屋改建而成,层架排放似专业培养室,基本无控温能力。

**(3)恒温培养箱** 恒温培养箱用于培养少量菌种用。一般由专业工厂生产。恒温培养箱为电加热式,可以根据需要的温度予以选择调节,自动控温,但容积不大。

**(4)菇棚(房)** 在生产条件所限,常将菌袋放在菇棚中发菌。处于不同批次的菌袋,可形成所需条件的交叉,为避免相互影响,用塑料薄膜将两区隔开。

**(5)露地发菌** 菌袋排在地热高干燥的地方,要搭秸秆防阳光直射和注意盖塑料薄膜防雨淋。

## 2. 场所消毒

可采用甲醛进行空间消毒,时间 15 小时以上;也可采用硫黄燃烧产生二氧化硫,对杂菌有较强的杀伤能力。若增加空气相对湿度,二氧化硫和水结合为亚硫酸,能显著增强杀菌效果。每立方米空间硫黄用量 15 克左右,火柴引燃。现行常用气雾清毒剂烟雾熏蒸,其用量同接种空间的灭菌。

## 3. 养菌阶段特点

菌袋培养有其特殊性,栽培者应掌握好。

(1)开放　培养室经常进行通风管理,杂菌则随空气的交换而流动,很难保持培养室的无菌状态,一方面培养室的消毒灭菌是一个经常性的活动,另一方面通过正确调控温度、湿度,防止掉落在菌瓶、菌袋上的杂菌侵入危害。

(2)干燥　根据菌丝生长条件得知,培养室应成为干燥的环境,在用杀菌剂进行消毒时,尽量用熏剂和少喷雾。培养室干燥的状态可因众多菌丝的呼吸作用而改变,是湿度管理的一个重要内容。

(3)杀虫　菌丝特有的香味对某些害虫具有引诱作用,成了一些害虫良好的繁殖场所。菌瓶或菌袋封口处的塑料皱褶、菌袋破损是虫类进入料内的通道,甚至在生料的表面就黏附有虫卵,所以消毒的同时进行防虫杀虫处理成为日常管理的内容。培养室熏蒸灭菌的同时最好用 0.5％敌敌畏一同熏蒸,进行预杀虫处理。

### 4. 养菌管理要点

菌袋培养管理具体技术把握以下 4 点。

(1)温度　温度决定菌丝生长速度,即发菌快慢。这个温度,一般观念上是指瓶(袋)外界的温度,即室温。然而,菌丝的代谢产生热,菌袋内的残存菌物(灭菌不彻底,或本来就有的,如生料)的代谢产生热,其结果是菌袋料可能有比室温高的温度。这就说明了两个问题,一个是对于菌丝体的生长,监测料温更具实际意义;另一个是应根据室温的变化改变排袋方式和层数,做到低能升温高能散热。熟料生产的菇类如金针菇,其菌袋热量仅来源于菌丝生长代谢热,菌袋与室温的温差小些,垛 5 层时差别 $1℃～2℃$。

(2)湿度　空气相对湿度低于 60％对菌丝的生长是适宜的,然而培养室内的菌袋呼吸将释放较多的水分,导致空气湿度的增大。这对菌丝的生长并无直接害处,但却促进了着落在瓶肩部、袋口内壁杂菌的萌发,而杂菌以栽培料溶出物为营养,可乘"湿"萌发,顺"湿"而入,造成发菌料的污染。利用菇棚作培养室的,在气温高时尤应注意排湿。

**(3)通风** 菌丝生长吸入氧气,排出二氧化碳,因此菌袋或瓶内很快就会形成过高的二氧化碳。为消除其对菌丝生长的不利影响,对于熟料生产的菇类,常采用接种时添加棉塞的办法;对于生料生产的菇类,则采用边扎微孔的办法,改善菌袋内外的气体交流。通风可补充室内的氧气不足,降低湿度,但也可改变室内的温度,所以通风的作用是多方面的,应综合室内外状况以决定操作的方式。

**(4)控光** 室外培养的菌袋,应采用搭棚,苫秸秆等方法避免直射光照射。

### 5. 发菌常遇问题及处理措施

菌丝培养阶段常发生异常现象,应及时采取相应措施加以处理。

**(1)菌丝不萌发**

①发生原因 料变质,孳生大量杂菌;培养料含水量过高或过低;菌种老化,生活力很弱;环境温度过高或过低,接种量又少;使用复方多菌灵或多菌灵添加量过多,抑制菌丝生长;培养料中加石灰过量,pH值偏高。

②解决办法 使用新鲜无霉变的原料;使用适龄菌种(菌龄30～35天)即使超过,失水不能过多;掌握适宜含水量,手紧握料指缝间有水珠不滴下为度;发菌期棚温保持在20℃左右、料温25℃左右为宜,温度宁可稍低些,切忌过高,严防烧菌;培养料中添加抑菌剂,多菌灵以0.1%为宜,勿用复方多菌灵药剂;培养料中添加石灰应适量,尤其在气温较低时生料添加量不宜超过1%,pH值7～8为适宜。

**(2)培养料酸臭**

①发生原因 发菌期间遇高温时未及时散热降温,杂菌大量

繁殖,使料发酵变酸,腐败变臭;料中水分过多,空气不足,厌氧发酵导致培养料腐烂发臭。

②解决办法　将料倒出,摊开晾晒后进行堆积发酵处理,加入石灰调整 pH 值到 8~8.5;如氨味过浓则加 2%明矾水拌料除臭,或用 10%甲醛液除臭;如料已腐烂发黑,只能废弃作肥料。

**(3)菌丝萎缩**

①发生原因　料袋堆垛太高,产生发酵热时未及时倒垛散热,料温升高达 30℃以上烧坏菌丝;料袋大,装料多,发酵热高;发菌场地温度过高,加之通风不良;料温过高且又装得太实,透气不好,菌丝缺氧亦会出现菌丝萎缩现象。

②解决办法　改善发菌场地环境,注意通风降温;料袋堆垛发菌,气温产生高时,堆放 2~4 层,呈"井"字形交叉排放,或间隙排放便于散热;料袋发酵期间及时倒垛散热;拌料时掌握好料水比,装袋时做到松紧适宜。

**(4)迟迟长不满袋**

①发生原因　袋两头扎口过紧,袋内空气不足,造成缺氧。

②解决办法　适当松袋口。

**(5)软袋**

①发生原因　菌种退化或老化,生活力减弱;高温伤害了菌种;料的质量差,料内细菌大量繁殖,抑制菌丝生长;培养料含水量大,氧气不足,影响菌丝向料内生长。

②解决办法　使用健壮优质菌种;适温接种,防高温伤菌;原料要新鲜,无霉、无结块,使用前在日光下暴晒 2~3 天,发生软袋时,降低发菌温度,袋壁刺孔,排湿透气,适当延长发菌时间,让菌丝往料内生长。

**(6)袋壁布满豆渣样菌苔**

①发生原因　培养料含水量大,透气性差,引起酵母菌大量孳生,在袋膜上大量积聚,形成豆腐渣样菌苔,布满袋壁,料内出现发

酵酸味,影响菌丝继续生长,此种情况尤以玉米芯为培养料时多见。

②解决办法　用直径 1 厘米削尖的圆木棍在料袋两头往中间扎孔 2～3 个,深 5～8 厘米,以通气补氧。不久,袋内壁附着的酵母菌苔会逐渐自行消退,虎奶菇的菌丝就会继续生长。

**(7)菌丝未满袋就出菇**

①发生原因　菇棚内光线过强或昼夜温差过大刺激出菇。

②解决办法　注意遮光和夜间保温,改善发菌环境。

# (八) 出菇管理要求

出菇是发育良好的菌丝体,在适宜的环境条件下,实现从营养生长到生殖生长的转变,最终获得子实体的过程。

## 1. 出菇场所

出菇室内场所,叫菇房(棚)。菇房的根本作用在于形成以较高湿度为特点的局部环境。菇房可以专门建造,也可以利用现有房屋改建。按建房场地水平位置的差异,可分地上式和地下式两种类型。按建房所用的材料,可分为茅草凉棚、塑料大棚,以及土木、石木、钢筋水泥结构的标准菇房。按控制培养条件中的性能高低区分,有现代工厂化菇房和简易菇房。现行虎奶菇栽培常见的菇房有以下几种。

**(1)屋式菇房**　见图 4-1。屋式菇房建造在地面上,是目前栽培虎奶菇最基本的一种设施。砖木结构菇房一般长 8～20 米,宽 8～9 米,高 5～6 米,屋顶装有拔风筒,前后装设门和窗。上窗低于屋檐,地窗高出地面。一般 4～6 列床架的菇房可开 2～3 道门,门宽与走道相同,高度以人可进去为宜。屋式菇房利于通风透光,但不利保湿,温度也难以控制。

**(2)日光温室**　日光温室是高投入、高产出、高效益的农业设

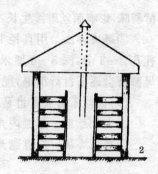

**图 4-1 屋式菇房**

1. 正面 2. 侧面

施,且有良好采光性和保温性,在北方虎奶菇生产上泛为应用。日光温室适宜发展虎奶菇的区域在北纬 32°～43°之间,北京、天津、内蒙古、山东、河北、河南、宁夏、辽宁等省、市、自治区较适用。日光温室在 12 月至翌年 1 月,虽然外面气温较低,但室内可以不低于 8℃,尽管寒冬一些地区出现−10℃以下的低温天气,只要保温设施好,室温也会在 10℃左右,虎奶菇子实体仍生长。日光温室选地应在向阳的地方,规格一般宽 6～8 米,长 50 米,最长 100 米,其墙体结构可以是土墙、砖墙,以土墙保温效果最好。近年来各地推广新型菇房,结构合理,适于虎奶菇生产,见图 4-2。

**(3)塑料菇房** 以塑料作遮掩主体的菇房,又称塑料菇棚。依据形状及框架结构,可分为拱式、墙式和环式三种。

①拱式塑料菇房 见图 4-3。以每 5 根竹竿为一行排柱,中柱 1 根高 2 米,二柱 2 根高 1.5 米,边柱 2 根高 1 米。排竹埋入土中,上端以竹竿或木杆相连,用细铁丝捆住,即成单行的拱形排柱。排柱间距离 1 米,排柱行数按所需面积确定。

②墙式塑料菇房 仿薄膜日光温室设计,能借助日光增温。菇房三面砌墙,顶部和前面覆盖塑料薄膜,后墙高 2 米,或距后墙

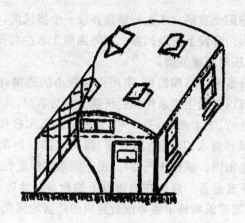

图 4-2　日光温室结构示意

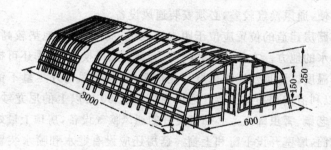

图 4-3　拱式塑料菇房　（单位:厘米）

0.7～1米再起中脊,两面山墙自后向前逐渐降低。在棚内埋立若干自后向前高度逐渐递减的排柱。柱上端用竹竿或木杆连接起来,形成后高前低一面坡形的棚架。然后覆盖塑料薄膜并以绳索拉紧,两侧墙留棚门。

　　③塑料环棚式菇房　又称圆拱式薄膜菇棚。棚架材料可用竹、木或废旧的钢材,一般中拱高 2.5～2.8 米,周边高 1.5～2 米,宽 4～5 米,长依面积定。框架搭好后覆盖聚乙烯薄膜,外面再盖

上草帘,以防阳光直晒。东西侧棚顶各设一个拔风筒,棚的东西两面正中开门,门旁设上下通风窗。棚外四周1米左右开排水沟,挖出的土用来压封薄膜下脚。

**(4)简易菇房** 结构简单、实用而投资小的菇房,此种菇房无一定规格,可以根据生产条件和经济能力灵活掌握,其柱脚或用砖砌成,或埋立竹、立木而成,高2~2.5米,竹竿、木杆作梁、檩、椽,中间微拱,以利流水,顶覆塑料薄膜,四周或围以芦苇,或悬以草苫,或吊以遮阳网。该棚透气性好,适于雨水多湿度大的地区。

**(5)地下式菇房** 建造在地面以下的菇房。地窖、窑洞、防空洞和城市高屋建筑物地下室等改造建成的菇房均属此类型。地下式菇房由于整个建筑全部在地下(或除屋顶之外),因而具有土壤湿度变化小、空气湿度大等特点,易保温保湿,冬暖夏凉。但是出入不便,通风换气较差,必须安装通风设备。

菇房建造的位置应位于距水源较近、周围开阔、地垫较高、利于排水的地方。方位应坐北朝南,有利于通风换气,冬季还可提高室内温度。屋顶及四周墙壁要光洁坚实,除通风窗外尽量不留缝隙,以利清扫和冲洗消毒。通风窗应钉上60目以上的尼龙纱网,以防老鼠、害虫蹿入。必须有良好的通风换气设备,房顶上最好设拔风筒,墙壁开设下窗和上窗。菇房还应设有贮水和喷水装置以及温湿度监测装置。

**2. 菇房消毒杀虫**

菇房在菌袋尚未进房前,必须严格消毒杀虫。可用甲醛熏蒸或硫磺熏蒸,或用浓度为0.1%~1%的克霉灵对菇房四壁、立柱、架板进行重点消毒;也可用低浓度(0.02%~0.05%)克霉灵进行空间喷雾杀菌降尘。克霉灵喷雾可以结合上水加湿反复进行,不会对菇体产生毒害作用。还可用敌敌畏熏蒸。敌敌畏是一种高效、速效、广谱的有机磷杀虫剂,具有熏蒸、胃毒和触杀作用,剂型

有 80％乳油和 50％乳油,对常见害虫如菇蝇、螨类均有良好防治
效果。敌敌畏蒸气压较高,对上述害虫亦有极强的击倒力。虎奶
菇子实体对敌敌畏很敏感,在出菇前后应避免使用,以免产生药
害。熏蒸时间的长短,以室温来确定。在 21℃～25℃熏蒸 24 小
时;如室温 11℃～15℃,则要 48 小时。熏蒸结束启封时,应充分
通风后再进入。

### 3. 出菇阶段特点

(1)**潮湿** 虎奶菇进入原基发生与分化成子实体,这阶段与发
菌培养在生态环境要求上大有差别。自然界是雨后出菇,湿热出
菇,没有这样的机遇,菌丝体还得蛰伏地下,企盼甘霖。然而,即使
出菇也常是朝生暮死,为的是躲避不良的干燥气候,尽快产生孢
子,繁殖后代。人工栽培的子实体,亦会随着湿度的降低而萎蔫,
随着湿度的陡降而死亡。

(2)**杂菌侵染** 子实体生长发育期间,还会由于遭受某种有害
菌物的侵染,致使新陈代谢受到干扰,在生理和形态上产生一系列
不正常的变化,从而降低产量和品质,这种由病原微生物侵染寄主
引发的子实体病害常会伴随整个出菇过程。

(3)**子实体菌丝体唇齿相依** 菌丝体处于由瓶或袋隔开的单
元中,其菌丝中贮存的营养源源不断地流向子实体,而又得不到及
时补充;菌丝体与子实体同处一境,这个环境利于后者发育而不利
于前者,这都导致菌丝体活力的降低,甚至感染病害。一些病害常
是发于菌丝体或子实体,还有一些病害是同时侵染菌丝体和子实
体。所以,如何保持菌丝体旺盛活力则成为获得高产的前提。常用
的方法,一是改善不良环境因子;二是中途注水和补充营养物质。

### 4. 出菇管理关键点

虎奶菇出菇管理重要抓好以下 3 个关键点。

**(1)湿度决定出菇与否** 如上所述,在合适的温度范围内,出菇与否决定于湿度的高低;出菇原基数量的多寡,取决于空气湿度的高低。子实体发生阶段的空气湿度有着与生长阶段不同的意义。撑开口的菌袋或瓶。在高空气相对湿度作用下,菌丝在料的整个端面扭结。随着湿度的降低,原基形成区域逐渐向端面周边转移,形成层由表层向深层转移,失水板结的料面则很难出菇。湿度对于形成后的子实体,主要是维持菇体从菌丝吸水和蒸腾失水的平衡,不需要超过 96% 的空气相对湿度。菇房过湿,易招致病菌滋长,也将过分抑制菇体的蒸腾作用,蒸腾作用对细胞原生质和营养物质运转都是有促进作用的,所以,湿度过高反而使菇体发育不良。

**(2)温度决定出菇快慢** 在适宜的湿度范围内,温度决定子实体发育的快慢。人们常用控温的办法调整销售的黄金档期或货架滞留期。一般高温下形成的子实体组织疏松,菇体形态对外界因子的变化反应敏感;低温下形成的子实体组织致密,菇体形态对外界因子的变化反应迟钝,这一点对初学种菇者很有好处,可以低温求稳。与养菌的情形相似,应在利用料温调整菇体生长速度的同时,还应防止气温过高而损伤菌丝体的状况发生。

**(3)氧与二氧化碳定菇体形态** 二氧化碳对虎奶菇整个发育过程中的不同阶段表现出不同影响。子实体分化阶段,二氧化碳微量浓度时(0.1% 以下),对子实体分化—瘤状体的形成有促进作用;当二氧化碳浓度过高时,瘤状体形成的棒状体容易分权甚至开裂;在棒状体与典型子实体生长阶段,二氧化碳对其影响明显,浓度超过 0.1% 时,生长速度极其缓慢,有些棒状体顶端开裂,褐变甚至枯萎,有些棒状体不能长出菌盖,有些即使已形成了菌盖,也会导致菇形畸变。

# 五、虎奶菇栽培模式

## (一)发酵料畦床式高产栽培法

　　虽然虎奶菇既可以用熟料栽培,也可以用发酵料和生料栽培,但是,在这几种方法中,最经济有效的还属发酵料栽培法。它既有生料简单、投资少的优点,又有类似于熟料栽培安全可靠的特点。只要掌握了简易的堆制技术,就可以在不消耗能源、不添加灭菌设备的前提下,以任意规模堆制发酵。培养料经过发酵,可使其中的一些养分降解为更易被虎奶菇菌丝吸收利用的物质,并使其透气性、吸水性、保温性等理化性状得到改善,还可利用发酵过程中产生的高温(一般在 55℃～65℃),杀死培养料中的大部分病菌、虫卵和害虫等,控制和减轻病虫危害,为虎奶菇菌丝的生长发育创造较好的环境条件。实践证明,采用发酵料栽培虎奶菇,其菌丝生长速度、产量均优于生料直接栽培,产量可提高 20％以上,而且栽培成功率几乎可达 100％。这对多年栽培的场地尤其适宜。

　　虎奶菇的发酵料栽培有直播发菌和装袋发菌等栽培方式。所谓直播发菌,是指在地面建好畦床(又叫菌畦、菌床等)或搭建好畦床式栽培床架后,在畦内直接铺料、播种、发菌、出菇。其中最常见的是在地面直接挖建畦床。它的优势是能够充分利用土壤温度稳定、水分适宜的特点,给虎奶菇的菌丝发育提供一个更加适宜的生活条件。直播发菌的不足之处是,占用菇房(棚)时间偏长,在一定程度上影响了菇房(棚)的利用率,以及有病虫害发生时不易控制等。在实际生产中,应扬长避短,趋利避害,确保发菌成功。

### 1. 栽培时间安排

虎奶菇属于高温型食用菌,子实体生长发育的最适温度是22℃～40℃。野生虎奶菇发生在自然气温10℃以上的春末3月份至深秋10月份,适应温度范围比较广泛。人工栽培时,在没有增温、降温的条件,纯粹利用自然气温的情况下,一般安排在3～5月份,或6～10月份出菇。这是就国内范围笼统而论。但我国幅员辽阔,各地气候差异较大,安排栽培时间时,应根据当地气候变化规律灵活掌握。一般情况下,春季栽培时间自北向南逐渐提前,而秋季栽培时间则自北向南逐渐推迟。如中原地区一般在8月底至9月初播种秋菇,而南方地区则一般在5月中旬至11月上旬进行播种。夏季温度高,子实体保存时间较短,一般不宜栽培,但如果有降温条件,且能及时鲜销或加工,也可栽培。一般可选择防空洞、地下室、山洞等处栽培,其气温较低,适合虎奶菇生长;也可利用与高秆作物(粮食、蔬菜等)及果树、树林等套种遮阳降温栽培。冬季如有加温条件,也可栽培,尤其是采用日光温室等冬暖式大棚栽培,棚内温度较高,适宜出菇,采收后外界气温低,可抑制菇体继续成熟老化,解决了短期保鲜难题,具有重要推广价值。总之,只要能满足虎奶菇生长发育所需的条件,一年四季均可栽培。从提高经济效益的角度考虑,反季节栽培优点更多,可以在增加少量投资的情况下,获取更高的销售收入。栽培时间确定以后,就需提前准备菌种、原料,安排栽培场所。一般可提前2个月左右扩制原种,提前1个月左右扩制栽培种。个别情况下,时间很紧时,也可以原种用作栽培种进行栽培。采用发酵料栽培时,一般需提前10～15天开始进行堆制发酵。

### 2. 培养料配方

配方1:棉籽壳82%,麸皮16%,石灰1%,石膏1%。

配方 2：木屑 84％，麸皮 14％，石灰 1％，石膏 1％。

配方 3：稻草屑 84％，麸皮 14％，石灰 1％，石膏 1％。

配方 4：棉籽壳 50％，木屑 34％，麸皮 14％，石灰 1％，石膏 1％。

配方 5：棉籽壳 75％，稻草屑 7％，麸皮 16％，石灰 1％，石膏 1％，

以上各配方，建堆之初，培养料的含水量为 63％～68％，pH 值均为自然。发酵后，培养料的含水量为 60％～65％，pH 值自然或达到 7.5～8。一般来说，每平方米栽培面积，需投干料 20～30 千克。

上述各配方仅供参考，各地应根据具体情况选择原料及组合配方，一般北方地区以棉籽壳、玉米芯、麦秸等为主料；南方可以稻草、甘蔗渣等为主料；阔叶树木屑资源丰富的地区，可采用以阔叶树木屑为主料的配方。生产中不必拘泥于某一种配方，但为了获得较理想的生产效果，则必须对所选用原料进行了解，尽量掌握其营养含量状况，并在辅料的选择与用量上予以配合，也就是合理配方。只有如此，才可望达到生产的预期目标。

在外界环境条件及栽培管理技术均相同的情况下，采用不同的培养料配方，菌丝生长发育情况、杂菌感染率、菇的产量及畸形菇率也不一样。从菌丝长势、覆土中菌丝生长情况、现蕾时间及产量方面来看，以棉籽壳主料配方较好，豆秸次之；从菌丝长速、颜色、感染率、发菌时间、菌丝长满土面天数及外观质量来看，以玉米芯主料配方较好，豆秸次之。具体采用哪种配方可因地制宜。玉米芯、玉米秸资源较丰富，经济较发达的城郊地区，对菇品外观质量要求高，可采用玉米芯、玉米秸为主料的配方；棉籽壳、豆秸资源较丰富，远离城郊的地区，可采用棉籽壳、豆秸为主料的配方；北方平原农区小麦种植面积较大，麦秸资源较丰富，可采用以麦秸为主料的配方，其产量虽较低，但成本也较低，最终收益仍较可观。

### 3. 培养料的堆制发酵

在虎奶菇的栽培过程中,培养料的堆制发酵是其中一项极为重要而又有一定难度的技术环节。采用发酵料栽培,培养料堆制发酵得好,就能得到腐熟适度的优质培养料,从而为优质高产打下良好的基础;堆制发酵得不好,培养料的理化性能较差,即使有优良菌种和较高的栽培技术,也难获得理想的产量。所以,培养料堆制发酵的优劣,直接影响到虎奶菇栽培的效益。但是,虎奶菇培养料的发酵比双孢蘑菇要更加简便,这是因为虎奶菇菌丝分解纤维素、木质素的能力比双孢菇菌丝更强,因此,其培养料发酵时间要比双孢菇的短;如时间过长,反而效果不好,菌丝很弱,产量低。另外,在栽培过程中,虎奶菇菌丝需氮量比双孢菇要少,即培养料的碳氮比(C/N)要大于双孢菇,所以培养料中的饼肥、氮肥用量较少或不用;若这些含氮原料用量过多,不一定能提高虎奶菇的产量。培养料堆制发酵的基本技术如下。

**(1)原料准备** 上述各配方中所用的原料,除特别注明的之外,其余均为干料。要按照无公害生产的要求选用各类原料。用于堆积发酵的原料(此处特指主料),一般可分为两种类型:一类是粉碎料(或粒状料),如棉籽壳、玉米芯、木屑等;一类是非粉碎料或秸秆状原料,如玉米秸、麦秸、稻草、棉秆、芦苇等。全部采用粉碎料(有时包括部分长度在3厘米以下的短节状原料)堆制发酵的技术,如果配方中的原料都是粉碎料,那就更好,省去了粉碎的工作;如果其中有秸秆状、硬壳类等原料,可用机械将其粉碎成粉末状或碎屑状,或粉碎(铡切)成长度在3厘米以下的短节状(适用于麦秸、稻草等较软的秸秆,但不适用于棉秆等较硬的秸秆等),再与其他粉碎料混合堆制。棉籽壳要尽量选用新鲜、无霉变的新货,陈年棉籽壳或稍有发黄、结块的亦可,但应将结块破碎,再充分暴晒,必要时加入1%生石灰粉拌匀后再予以暴晒处理,充分干燥后再用;

玉米芯要晒干,并粉碎或碾压成玉米粒大小;麦秸、稻草等作物秸秆,要求新鲜、干燥、未淋雨、不霉变;麦秸、稻草可破碎成粉末状、碎屑状或长度在 3 厘米以下的短节状;玉米秸、豆秸等,也要在晒干碾软后,破碎成粉末状或碎屑状;棉秆、红薯秧、花生秧(壳)、芦苇等,同样都要粉碎成粉末状或碎屑状。木屑应选用阔叶、无芳香物质的材质,可单一或几种树的木屑混合使用。如不慎或有意掺混部分松、杉、柏、槐等树种的木屑,若比例在 20%左右,可采取加水湿透再日晒的处理办法,亦可摊于硬化地面任其日晒雨淋,并维持 60 天以上,使其芳香类有害物质得以散发后,晒干再用。否则,将影响虎奶菇菌丝的正常生长。

对原料(主要是指主料)的处理方法,除以上全部采用粉碎料(有时包括部分长度在 3 厘米以下的短节状原料)的方法外,还有一种方法,就是配方中的麦秸、稻草等较软的秸秆(或草料)不需经过粉碎,只铡切成 20~40 厘米长的短节状,或直接采用整秸秆(或整草料),再和其他原料混合堆制(其他原料仍采用粉碎料)。第一种方法(即全部采用粉碎料,有时包括部分长度在 3 厘米以下的短节状原料)的优点是简便快速,将所有原料放在一起加水拌匀即可发酵;第二种方法(即将秸秆或草料铡切成 20~40 厘米长的短节状,或直接采用整秸秆、整草料),省去了部分原料的粉碎工序,但发酵时间稍慢,而且对堆制操作有一定要求,对于无粉碎条件的栽培者来讲也可采用。

**(2)建堆场地的选择** 建堆场地一般选在室外,要求地势高,避风向阳,清洁卫生,运输方便,距水源和栽培场地要近。也可直接在栽培场地上堆料发酵。每 100 米² 栽培面积所需的培养料,一般要保证有 40 米² 左右的堆料面积。堆料场四周开好排水沟,排水通畅,要保证下雨天料堆不遭水淹。有条件的最好在水泥地面建堆,以免"激活"土壤中的耐热性病原菌,造成培养料污染基数增加。泥土地面必须平整、夯实,以防止泥块在堆制过程中过多混入培养料内。建堆前1天,土壤需用氨水、生石灰水或波尔多液等进行处理,以杀灭和减少土壤中的病虫源。建堆场地的污染源要少,要将地面及周围的环境清扫干净。

**(3)堆料发酵** 根据当地资源情况,选择适宜的培养料配方。首先,按配方比例,称量好所需各类原料,然后就可开始拌料。拌料方法有两种,即人工拌料和机械拌料。生产规模较小时,一般采用人工拌料;生产规模较大时,可采用用机械拌料,即用拌料机(搅拌机)进行拌料,可大大加快拌料速度。人工机械拌料,与原种培养基及栽培种培养基的方法相同。至于采用机械拌料,所用拌料机的形式有多种,其操作方法也不一样。一种是将各种原料加入拌料机槽内,加入适量的水,开动机械,搅拌均匀。另一种是"过腹"式拌料机,即先将各种原料加水初拌均匀,然后用铁锹将料铲入拌料的漏斗内,利用机内高速旋转的叶片,将料打散排出来。如果一次拌不匀,要进行多次拌料,直至拌匀为止。这种拌料机价格低、体积小,移动方便,拌料速度快。再一种是利用装袋机来拌料,先将各种原料加水初拌均匀后,再将料铲入装机的料斗内,利用装袋机内的旋转轴,将料挤压出来后,培养料的水分就可达到均匀一致。采用这种拌料方法,其速度不及前两种拌料机,但又比手工拌料速度快。此外,还可使用小麦、水稻等的脱粒机来拌料,其操作方法同"过腹"式拌料机。在此提醒一点,无论是人工拌料还是机械拌料,最好是先将棉籽壳、麦秸粉、稻草粉、玉米芯粉、玉米秸粉、豆秸粉等吸水性能差的主料提前预湿后再拌料。

初拌均匀的培养料,其含水量适宜的判断标准是,用手以中等力度握料,指缝间有2～4滴水滴下即可(含水量在63%～68%)。加水量要根据原料的干湿程度来定。若配方中的原料全是干料,加水量可按料水比为1:1.2～1.4的比例加入,即100千克原料,需要加入120～140升的水,配制好的培养料的含水量就可达到63%～68%。这是因为各配方中所用的原料(特别是主料)间的物理性质和干燥程度差别较大,其吸水率也有一定的差异,故在拌料时,实际用水量往往变化在料水比 1∶1.2～1.4。若原料中有湿料,则加水量要相应减少。加水时,可将水分多次逐渐加入,即先用所需水总量的 60%～65% 拌料,以后再逐渐补充用水至适宜。

培养料加水翻拌均匀,调整好含水量之后,就可立即建堆发酵。所建料堆的方向,宜呈南北走向,这样阳光照射好,料温比较均匀,易于发酵均衡,腐熟一致。根据季节不同,掌握料堆的高度及宽度:夏、秋季等高温季节,可建高 1 米左右、底宽 1.2～1.5 米、上宽 1～1.2 米、长度不限、横截面下大上小的梯形堆;低温季节,料堆的高度及宽度可分别增加 50 厘米以上,以利于升温保温。注意堆与堆之间必须有翻堆时用的空隙。料堆初步建成后,用铁锹背或木板块等适当拍打堆面四周,使其表面平实、光滑,以利于保温。然后,在堆的上方,沿料堆的长度方向,从中间用直径 3.5～8 厘米的圆锥木、竹筒或铁锹把等,每隔 30～50 厘米向下打一孔洞,直至地面。再在料堆两侧的中腰部位,每隔 30～50 厘米用直径 3.5～8 厘米的圆锥木等,倾斜约 45°角向下打一孔洞,直至地面。中间一排与两侧排之间孔与孔的位置,最好呈梅花形排列。孔打好后,在堆的适当位置插上长柄温度计(0℃～100℃),堆顶及四周覆盖草帘(或麦秸、稻草、无纺布等)保温、保湿。雨天则覆盖塑料薄膜,雨停后揭膜。

堆闷 1～3 天,当离料堆表面 20 厘米深处的料温达到 55℃～60℃时,维持 12～24 小时,即可进行第一次翻堆。翻堆的原则是:内外相调,上下换位。具体操作是:将原料堆中上部经过高温发酵、料内产生大量白色放线菌的基料,翻至新建堆的下部,将原料堆表层 5 厘米的料翻至新建堆的中部,原堆底部的料放到新堆的上部,如此便可使上次未经高温的基料于本次经过高温,尤其上次料堆底部水分偏大并处于厌氧状态的基料翻至上部后,使其水分下沉并经过一定高温发酵。翻堆时,应根据气候状况和基料失水情况酌情补水(一般采用喷淋的方式补水),使原料保持适宜的含水量。如春季气候干燥,可按料水比1:0.2~0.3补水;夏季湿度偏大,按1:0.1~0.15比例即可;秋季可按1:0.15~0.25的比例;冬季则掌握在1:0.1之内。翻堆后,整理好堆形,打好孔洞,重新盖上草帘等。以后的翻堆条件及翻堆方法同上。翻堆期间,尽量控制料温不要超过65℃,更不要高温持续时间太长。否则,培养料失水过多,营养消耗太大,出菇后劲不足,将会严重影响虎奶菇的产量。

整个发酵过程,共需翻堆2~4次,全部发酵时间6~10天。最后1次翻堆后,待料温再次升到55℃~60℃,保持12~24小时,即可将料堆摊开、降温。发酵好的培养料,颜色一般为黄褐色或棕褐色,腐熟均匀,富有弹性,料面有大量的白色放线菌,无氨味、酸臭味等刺激性异味,具有发酵香味。这时,可检验和调整基料的含水量及pH值。用于室外及棚内地面畦床式铺料播种的,基料的含水量可调高至60%~65%,即用手以中等力度握料,指缝间有3~5滴水滴下即可;用于菇房内地面畦床式铺料播种以及多层床架畦床式铺料播种的,基料的含水量以65%左右为宜,即用手以中等力度握料,指缝间有1~2滴水滴下即可。料的pH值自然或达到7.5~8。另外,在春季以及气温较高时,还要注意检查堆料中是否有活虫或虫卵,一定要保证不带虫播种,以防患于未然。以上各项工作做好,待料温降至30℃以下或与气温相等(夏秋季)时,即可铺料播种。

另外,在发酵时,每1 000千克干料可加EM发酵剂1千克。也可添加其他的生物发酵剂(类似的生物发酵剂市场上有多种,其具体添加量及使用方法,可参看产品的使用说明)。这样,在补充一部分营养物质的同时,还可以更有效地杀灭基料里存在的各种病原杂菌的虫卵等,缩短发酵时间,提高发酵质量,加快菌丝发菌速度,提前出菇,提高虎奶菇的产量和质量。

#### 4. 栽培场地准备

虎奶菇的发酵料直播栽培，可采用地面畦床式栽培，也可采用多层床架（层架）畦床式栽培，一般以地面畦床式栽培为主。其栽培场地既可选在室内，也可选在室外。采用多层床架畦床式栽培时，多在菇房（棚）等室内设施中栽培；而采用地面畦床式栽培方式时，则室内、室外栽培均可。例如，可将畦床建在菇房（棚）内、荫棚下、农作物行间或林果园下，以及向阳的露地等处。处于野外及田间等室外栽培的场地，要求地势较高，土地肥沃，保水性能好，排水通畅，下雨后不积水。

采用地面畦床式栽培方式时，首先要将栽培场地打扫干净，然后在栽培场地内挖坑做畦。一般挖成宽 30～100 厘米、深 15～35 厘米、长 5～10 米或长度不限的南北向或东西向畦床，具体长宽尺寸可根据场地具体情况而定。畦床的底部可做成平底或略呈龟背形，并拍实；畦床的四周也要拍实。相邻的畦床之间，可留出 35～50 厘米宽的人行道，以便于浇水、管理和采收。对于地下式以及半地下式大棚（或中棚）来说，还可以考虑先在棚内四周紧靠棚边挖建宽 60 厘米左右的畦床，意在充分利用虎奶菇喜往土墙上爬菌丝并结菇的特性，以便获得更高的产菇量。在野外及田间等室外场地建畦时，畦的四周还要依势挖一些排水沟。若是在菇房内采用地面畦床式栽培，则不必挖畦，可用砖头（或木板等）围成地面式畦床（又叫厢），畦床一般宽 80～100 厘米，高 20～30 厘米，长度不限。然后，在畦床底部以及四周的砖头（或木板等）上，铺上一层干净的地膜等塑料薄膜。相邻的畦床之间相距约 40 厘米，用作人行道。这种栽培方式又叫做厢式栽培。

采用多层床架栽培时，则要搭建床架。床架的搭建，要根据菇房（棚）的空间大小等，灵活设计安排。床架一般宽 60～100 厘米，层数 3～6 层，层距 40～60 厘米。设在菇房内的床架，其下层距地面约 20 厘米,顶层距房顶 1 米以上。设在菇棚内的床架,其下层距地面 30～40 厘米,可利用床下的地面,下挖一定深度,制作成畦床(在摆放床架之前,就将地面翻松、下挖,整理成畦床);床架的顶层距棚顶 60 厘米以上;床架之间留出宽约 60 厘米的人行道。对于各类菇房以及地上式大棚(或中棚)来说,靠墙的床架,宜与墙相距 40～60 厘米;而对于地下式以及半地下式大棚(或中棚)来说,床架可紧靠棚边四周排列,目的也是为了使床架下面的畦床能产出更多的虎奶菇。床架可用竹竿、木板或钢材等制作,要求结实牢固。能够承受培养和覆土的重量。每层床架的四周,均要用木板、竹竿或玉料秸秆等围制成高 20～35 厘米的围栏,并在每层床架的上面以及四周的围栏上铺上干净的地膜,以便于铺料播种。

采用床架畦床式栽培时,由于单位面积栽培空间内床架铺放集中,菇体发生量大,所以对菇房(棚)的性能和结构要求都比较高。总的要求是保温、保湿性要强,通风换气条件要好,房(棚)内小气候要相对稳定,受外界气候影响要小,菇房(棚)内外环境卫生,污染源少,净化消毒容易;床架结实牢固,易于拆拆、清洗和消毒。在培养料进房(棚)前,无论是新菇房(棚)还是老菇房(棚),都要进行 1 次消毒,以减少或杜绝病虫危害。特别是连续栽培多年的老菇房(棚),更应加强这项措施。

消毒前,先对菇房(棚)进行一次彻底的清理。这一工作对老菇房(棚)尤其重要。前茬菇栽培结束后,将废料及时运到远离菇房(棚)的地方,以减少和杜绝废料中的污染源重复传播。将菇房(棚)的门窗打开通风,接着把能拆的床架全部拆下,捆扎后沉在河塘、水池、水库中,浸泡 15 天左右,捞出洗净晒干,以备下次栽培使用。墙壁、屋顶、门、窗等均应用石灰浆等刷白。泥土地面要铲除 3～5 厘米厚的老土,并撒上生石灰粉,重新铺上新土,平整压实。

在铺料播种之前,需提前 3～4 天对菇房(棚)及床架进行消毒和杀虫处理。其具体方法可参见原种制作中的相关内容。对密封程度较好的菇房(棚),可采用熏蒸法或喷雾法消毒;如菇房(棚)密封程度较差,则采用喷雾法消毒。喷雾消毒(及杀虫)时,菇房(棚)的地面、四壁、顶棚、床架正反面以及房(棚)内空间均要喷洒。铺料播种前1～2天,打开门窗通风换气,让房(棚)内灭菌杀虫药剂的气体散发掉,避免以后出现药害。

对于地面畦床式栽培(包括在菇棚中进行床架畦床式栽培时,床架下的地面畦床),畦床做好后,在铺料播种前的3～4天,可先往畦内浇1次透水,再实施消毒(或杀虫)。过3～4天,待水渗下后,再对畦底及畦内四壁喷洒3%～5%生石灰水,或撒一薄层生石灰粉,以进一步消毒,然后就可铺料播种。

对于床架畦床式栽培(除了在菇棚中进行床架畦床式栽培时,床架下的地面畦床之外),以及厢式栽培(即前述的在菇房内采用地面畦床式栽培),在铺料播种前的3～4天,不需要在畦床内浇透水,只按常规消毒(或杀虫)就行了。然后,在铺料播种之前或铺料播种前1天,对畦底及畦内四壁撒一薄层生石灰粉,就可铺料播种了。

另外,在菇房(棚)内采用地面畦床式栽培方式时,也可在消毒杀虫工作完成后,再建造(制作)畦床,然后在畦底及畦内四壁撒一薄层生石灰粉或喷洒3%～5%的生石灰水,就可铺料播种了。

## 5. 播种发菌

发酵好的培养料,调整好水分以及pH值等项指标后,当料温降到30℃以下或常温(夏秋季)时,即可铺料播种。播种前,要严格检查菌种,挑出有害虫或被杂菌污染的、种性不纯或老化的菌种等,使用颜色洁白、菌龄适宜的菌种。对菌种袋(瓶)的外壁、接种锄(或掏种钩,类似于接种锄)、装种用具以及操作人员的双手,均要用0.1%高锰酸钾溶液或其他消毒液擦洗。

对于袋装栽培种,可打开袋口或直接将塑料袋撕开,先剔除老菌块和表面发黄的部分,再将菌种放在消毒后的塑料盆中,用手掰成适当大小的块状(或粒状)后备用。对于瓶装栽培种来说,根据菌种瓶的类型,可采取不同的取种方式。如为盐水瓶或酒瓶时,可将瓶子用0.1%高锰酸钾溶液擦洗1遍后,敲破瓶子体,将菌种上部2~3厘米厚的部分弃去不用,其余的菌种放入消毒后的塑料盆中;使用750毫升标准菌种瓶的,可先去除瓶内菌种表面的一层老菌块、老菌皮等,再用接种锄(或掏种钩)取出菌种,放入盆中,空瓶可回收再次利用。

上述袋装(或瓶装)栽培种,根据菌种培养的基质类型,可碎成不同大小的颗粒。棉籽壳菌种、玉米芯菌种等,可掰碎(或挖碎)成核桃、蚕豆粒或花生米大小;而谷粒菌种(以麦粒菌种为常见)以及易碎的菌种,则可掰碎(或搅碎)成黄豆粒大小。但不宜弄得太碎,以免破坏菌丝体结构,削弱菌丝生活力。不同类型的菌株,其菌种应分开挖取,分开播种。每次播种,菌种需用多少,就取多少,不要过剩。在上述几种菌种类型中,目前常用的是棉籽壳菌种、棉籽壳加木屑菌种、玉米芯菌种、木屑菌种等。

播种方法有条播、穴播、撒播、层播、翻播和混播等多种,这几种方法各有优缺点,也各有其较适用的菌种基质类型。播种时,宜按照菌种基质类型、栽培场地特点,如菇房(棚)的结构性能等,以及播种时的气候等情况灵活选用播法。一般最常见的是穴播、层播、翻播加撒播等。

谷粒菌种采用层播法(层播其实也属于撒播的一种),一般是3层料3层菌种,上下两层料的厚度各为4~8厘米,中间料层的厚度为6~12厘米。先在畦底铺第一层培养料,用木板或手稍压实拍平后,再将菌种均匀地撒在料面上;然后依次一层料一层菌种。最上面封料面的菌种用量占菌种总量的40%左右,下面两层菌种各占菌种总量的30%左右。播种后,用木板或手将料面稍微拍平压实,再覆盖一层塑料膜。也可以采用两层料两层菌种的层播法,即先铺第一层培养料,播第一层菌种(播种量约占菌种总量的40%),然后再铺第二层培养料,将第二层菌种播在表面(播种量约占菌种总量的60%)。播种后,同样要用木板或手将料面稍微拍平压实,然后覆盖塑膜。采用上述层播法,播完种,整平料面后,还可用直径2～3厘米的圆锥形木棒,以孔距15～20厘米×15～20厘米的间隔,呈“品”字形分布,在料面上打一些通气孔,其深度要直扎到料底,然后再盖上一层塑料膜。

谷粒菌种还常采用翻播加撒播法,其操作过程中是:先将2/3的菌种均匀撒在料面上,接着用手抓动培养料或用木板轻轻拍打料物,将菌种翻入或抖入料层内部,使表层料和菌种混匀,菌种下沉深度最深不超过8厘米。然后将剩余的菌种均匀撒在料面上,再用少量培养料撒盖,使菌种呈若隐若现状。播种完毕,用木板或手轻轻拍平料面,再盖上一层塑料膜,保湿发菌。此法播种速度快,菌丝封面早,吃料快,杂菌污染少,菌床发菌速度整齐一致,发菌时间缩短,而且节省菌种。

另外,谷粒菌种还可采用层播加穴播法:铺料前,先在畦底播一层菌种,播种量约为总用种量的20%,上铺一层培养料,稍压实后,料上再播一层菌种,用量约为总用种量的30%,然后再铺一层培养料(和第一层培养料的厚度类似),稍压实后,将其余菌种采用穴播法播于料下,使其与料面持平或略低,散碎菌种均匀撒于料面,然后整平料面并稍压实,再覆盖一层塑料膜即可。

对于棉籽壳菌种、棉籽壳加木屑菌种、玉米芯菌种、木屑菌种等来说,也可以采用谷粒菌种的播法。

铺料的总厚度要根据温度而定,一般在15～25厘米,高温季度要薄,反之要厚,每平方投料量一般在20～30千克(折成料的干重)。播种量一般为培养料干重的10%～20%。其中,谷粒菌种的用量要少一些,棉籽壳菌种等的用量可多一些。

采用层播法、翻播加撒播法、层播加穴播法时,因菌种在料面

(或料层)上分散范围较大,生长较均匀,故菌种吃料、生长和封面均较快。栽培实践证明,采用这些方式播种时,虎奶菇的产量更高。

铺料播种完成,覆盖塑料膜后,可透过塑料膜插1支温度计于料内10～12厘米深处,用以观察料温变化。然后,根据情况,还可用0.1%～0.3%多菌灵溶液,对室(棚)内地面、墙壁以及空间均匀喷洒1遍,以防杂菌侵害。

发菌期间管理的重点,是抓好栽培场地的控温、控湿、通风换气、控光以及病虫害的防治工作等,以促进虎奶菇菌丝在培养料中尽快萌发定植,并迅速生长。其主要管理措施如下。

**(1)控温** 虎奶菇菌丝发育的最适温度为24℃～28℃。播种后一开始,就要力争把环境温度调节到22℃～26℃,最高不超过28℃,最低不能低于15℃。若气温超过28℃,要通过在早晚开门窗通风等方法降温;若气温低于15℃,则需采取升温措施。播种3天后,菌丝的生长会使料温上升,甚至超过气温。这时,要将料温控制在24℃～30℃,最高不得超过36℃,以免烧坏菌丝。料温偏高时,可加强栽培场地夜间(或白天)的通风以及覆膜下的通风;另外,强化菇棚以及室外栽培场地的遮阳降温效果,也是行之有效的办法。如果在菌畦两侧与作业道的接壤处预留一灌水沟,往沟内浇灌清凉的地下水迫其降温,当为有效的应急措施。如料温继续升高,则应揭去菌畦上所有覆盖物,用直径3厘米左右的木棒从料面打洞至畦底,迫其通风降温,将会达到预期目的。整个发菌期间的环境温度,要尽量控制在28℃以下。

**(2)控湿及通风换气** 在整个发菌期间,栽培环境空气相对湿度要保持在70%～80%,并根据发菌的不同阶段适时通风换气。播种后3天内,一般保温保湿不通风。若栽培环境保湿性差,应向空间喷水保持湿度。从第四天开始,每天掀动覆膜1次使其通风换气;栽培环境也可适当通风,一般每天通风1次,每次30～60分钟。如遇北风天气,自然气温低,应减少通风时间,并将通风时间安排在中午气温高时进行;阴雨天或南风天气,则可适当延长通风时间。发菌后期,要适当加大通风量。如果气候干燥,则要通过向空中喷水,或向地畦两边的水沟里放水等措施,加大空气相对湿度。

**(3)其他措施** 整个发菌期间,要保持黑暗环境,防止强光照射。同时做好病虫害的防治工作,对于受到污染的料块要及时处理。

铺料播种后,在环境气温较为适宜的条件下,经过 20～30 天的培养,菌丝即可吃透培养料,这时就要及时覆土。

## 6. 覆土及管理

虎奶菇栽培的一个重要特性就是覆土,所以,覆土是虎奶菇栽培中一项十分重要的内容。通过覆土,在菌畦外层能形成一个相对更加稳定的小气候环境,从而为虎奶菇菌丝的生长发育提供了更加有利的温度、湿度、通气等条件,也给虎奶菇子实体的形成和长大准备了良好的供养、供水、供气和支撑条件。如上所述,在铺料播种后,当菌丝吃透培养料时,就要及时覆土。

**(1)覆土材料的制备**

①覆土材料的选择 不同的覆土材料,由于其理化性状的不同,将直接影响到虎奶菇的产量和质量。优良的覆土材料,其结构和性状均应能符合虎奶菇生长的需要。其基本要求是:结构疏松,孔隙度大,通气性能良好,有一定的团粒结构,土粒大小以直径 0.5～2 厘米为佳;有较大的持水力和一定的重量(密度大于 1 克/厘米$^3$);不含病原物,无虫卵、杂菌和有害物质,含有对虎奶菇有益的微生物;含少量腐殖质(5%～10%),但不肥沃;中性或弱碱性(pH 值 6.8～7.6),含盐量低于 0.4%,含有钙质,具有缓冲性,能维持中性环境;干不成块,湿不发黏,喷水不板结,水少不龟裂。

目前,国内常用作覆土的材料有:田园土、菜园土、林果园土、山土、火烧土、草地土、黏壤土、河泥土、塘泥土,以及人工配制的各种合成土、发酵土、营养土等。泥炭土则在有资源的地方使用。黏土和持水力差的砂壤土,均不宜作为覆土材料(但肥沃的沙质壤土可用)。近期施过有机肥的土壤不可使用。可在没有受到污染的地块(或河边、池塘边)等处取土,或在以前没有栽培过虎奶菇的出菇场地直接取土。对田园土、菜园土、林果园土,通常取用地表10～20厘米以下的的土壤;若是草地土、田埂土、河泥土,则可取地表5厘米以下的土壤;建畦时挖出的土,如符合要求,也可选用。

覆土方法:可选用粗土、细土覆土。粗土粒如蚕豆粒大小,粒径(即土粒直径)1～2厘米;细土粒约黄豆粒大小,粒径0.5～1厘米。也可以用粗细混合土覆土,其粒径在0.5～2厘米。采用粗土、细土覆土时,先覆一层粗土,然后再覆一层细土,粗土的体积占全部土粒的2/3左右;粗细混合土一般一次性覆完(也可分两次覆完),其中粗土(粒径在1～2厘米)的体积占全部土粒的1/2～2/3,其余为细土(粒径在0.5～1厘米)。

一般来说,多根据眼力观察,或采用直接测量有关土粒的直径等方法,来判断土粒的大小是否符合要求。有条件时,也可以用筛子来筛取土粒。粗土、细土分别制取时,可用筛孔直径为2厘米、1厘米及0.5厘米的3种筛子来筛取土粒。第一次用筛孔直径2厘米的粗筛,筛下来的土再用筛孔直径为1厘米的筛子过筛,留在筛子上的土即为蚕豆粒大小的粗土粒(粒径1～2厘米);筛下的土再用细筛过筛,筛子上的土即为黄豆粒大小的细土粒(粒径0.5～1厘米)。制取粗细混合土时,可先按上述方法分别筛取粗土、细土,然后再将两者混合均匀。

②覆土材料的消毒处理　覆土材料中可能潜伏着许多病原菌及害虫等。所以,在覆土前,一般要对覆土材料进行消毒,以最大限度地降低覆土材料中病原菌和害虫的含量,减轻或杜绝虎奶菇

栽培的病虫危害。常用的消毒方法,有暴晒消毒法、蒸汽消毒法、药物消毒法等。

第一,暴晒消毒法。将制粒后的覆土材料铺于清洁、干燥、坚硬的地面上,最好是水泥地面,经阳光暴晒3～5天,每天翻动1～2次,可基本达到消毒效果。若用透明塑料薄膜严密覆盖土粒进行暴晒,在烈日下,膜内温度可达50℃以上,效果更好。这种消毒法既简便节约,又安全有效。

第二,蒸汽消毒法。将晒干土粒置于密闭的环境内(如密闭的菇房、棚等),利用灭菌设备或加温设备,通入60℃～65℃的热蒸汽,保持3～4小时,或70℃～75℃的热蒸汽保持1～2小时。消毒后,要让土壤冷却24小时左右,散去土粒表面的水分,即可使用。

第三,药物消毒法。即选用一些低毒或无毒、低残留或无残留、适于拌土消毒的无公害消毒药剂,对制粒后的土壤喷洒消毒。可采用等量式波尔多液,或0.5%漂白粉溶液,或金星消毒剂40～50倍水溶液,或多菇丰2 000倍液等,从其中任选其一。一般每立方米土壤喷洒5～10升药液。将药液喷入土壤,翻拌均匀,然后堆成堆,用薄膜盖严闷2～3天,再摊开1～2天,即可使用。

采用以上方法对土壤消毒时,通常结合喷洒适量的无公害杀虫剂,以兼治土壤中的害虫、害螨等。常用的药剂有菇虫净1 000～2 000倍液,或夏菇宁2 000倍液,或80%敌敌畏800～1 200倍液等,任选其一。一般每立方米土粒喷洒上述浓度的药剂5～10升即可。同时,可拌入1%～3%的生石灰粉,既调节土壤的pH值,使之成弱碱性,又可杀死土壤中的线虫等。

消毒(及杀虫)过的土壤,宜尽快使用。若要暂存,一般放置不超过5天。放置时,应放在严格消毒过的室(棚)内,不要让蝇虫及畜禽等靠近,以防二次感染。

若土壤(如火烧土等)较干净,也可不经过消毒(及杀虫)处理,直接使用。

可参考下列公式,计算需要准备的覆土数量:

$$E=(S+S×30\%)×h$$

式中:E 为需土数量(米³),S 为实际栽培面积(米²),h 为覆土厚度(米)。

例如:在 200 米² 的菇棚内,实际栽培面积约 150 米²,设计覆土厚度为 3 厘米,即 0.03 米,需备土数量=(150+150×30%)×0.03=5.85 米³≈6 米³。故在 200 米² 菇棚内,备足 6 米³ 覆土材料即可(其中包括厚度不匀、运输散落等非计划用土)。

③几种常用覆土材料的制备 以上介绍了覆土材料的选择和处理,下面再介绍几种常用覆土材料的具体制备方法。

第一,普通土制备。在一般耕地上,耕作层土壤被认为有机质含量较高,团粒结构合适,适于作覆土材料。但通常认为,由于耕作层土壤较肥沃,土壤中微生物基数很高,其中含有一些对食用菌有害的微生物种群,在实际生产中不宜大量采用。而耕作层以下 20 厘米的土层,相对水平较低,团粒结构差,但有害微生物数量少,经简单消毒处理后作为覆土材料,应用效果不错。具体操作为:取耕作层以下 20 厘米的土壤,边晒干边粉碎并过筛,使土粒直径 1~2 厘米和 0.5 厘米以下的分别占总量的 50% 左右,然后按上述的消毒方法处理后即可使用。该种材料制备简单,短时间内可用,省工省力。但由于土质不同,而使生产效果难以保证。并且,耕作层下的土层质地偏生,较硬,个别土质将在菇床上出现"板结"现象,对生产不利。因此,应正确区别土质,以壤土为好,黏性较大的可掺入部分细沙;反之,则应混入部分黏质土粒,以保证覆土的通透性或消除板结现象。

第二,砻糠土制备。材料为稻壳、河泥淤土,质量比例为:稻壳:河泥淤土=1:10(干重比)。河泥淤土应选用旧水糖、小塘坝等处淤泥,以发黑、发臭为佳,但应注意不得有化学污染;稻壳要新鲜、不霉变。处理方法:挖出河泥土,边晒干边破碎。稻壳在 4‰生石灰水中浸泡 20 小时左右,堆积发酵 7 天以上使之腐熟。然后二者充分混合,再按上述的处理方法消毒后,加适量水调匀(土质较黏时,含水量调至 20% 左右,否则可调至 25% 左右),即可使用。长江以北大部分地区没有稻壳资源时,可使用小麦糠壳等原料替代,生产效果相同,但使用量应比稻壳用量增加约 40%,具体操作参考上述。

第三,腐殖土制备。腐殖土在虎奶菇生产中的使用效果,可与草炭土相媲美,如果处理得好,不但其有机营养较高,而且速效类营养物质含量较全且合理。作为覆土材料,其物理通透性、松紧度均极有利于菌丝爬土和子实体生长,从而生产奠定了基础。腐殖土的制备,加入配合材料(亦称辅料)的品种及其多少,以所选土质的性质及有机质含量等条件而定,不能一概而论。一是时间安排。一般宜选高温季节,如华北以南地区可选麦收后的 6 月份进行,东北地区可提早至 5 月份动手,华南等地 4~10 月份均可进行。二是配合材料。牛粪粉 600~1 000 千克,豆饼 100 千克,尿素 40 千克,钙镁磷复合肥 80 千克,石膏粉 30 千克,石灰粉 60 千克;或者牛粪粉 500 千克,稻壳糠 500 千克(或麦糠 700~1 000 千克),豆饼 80 千克,尿素 30 千克,氨水 100 千克,钙镁复合肥 100 千克,石膏粉 40 千克,石灰粉 100 千克。三是操作。选近水源的地块,在约 25 米² 面积(可供 100 米² 大棚用覆土)上,四周围土堰 10 厘米以上,将配方材料粉碎并拌匀(除氨水外)后,均匀撒于地面,翻深 20 厘米以上,稍整平地面后,灌水与围堰持平,用氨水时随水将其冲入。在开始 2 天内,须连续补水以供下渗,约 10 天后,带水作业重翻 1 次,注意深度须大于 20 厘米,而后继续保持水面高度。如此时气温较高,7~10 天后,水面会有臭水泡冒出。继续带水再翻,气温 30℃ 以上连翻 3~4 次后,水面将有大量臭水泡冒出,温度偏低时,需时较长。此后,可将水放掉,使其自然晾晒。至土面有大量宽深裂纹时,将20余厘米厚的土层取出,置于硬化路面,边晒边破碎,然后再按上述的消毒方法处理后即可使用。四是操作要点。牛粪最好经堆酵处理,不可使用鲜牛粪。稻壳糠的用量可适当加大,但每增加100千克时,则需相应增加尿素6千克左右。腐殖土的制备需时较长,可于春季或夏季进行,若与培养料堆积发酵同时进行则来不及。

**(2)覆土方法** 可采用粗土、细土分别覆土,也可以采用粗细混合土覆土。如前所述,粗土约蚕豆粒大小(粒径1~2厘米),细土约黄豆粒大小(粒径0.5~1厘米);粗细混合土的粒径在0.5~2厘米。

覆土层厚度应根据具体情况而定,一般可掌握在3~5厘米。粗、细土分别覆土时,先覆一层粗土,厚2~3.5厘米,然后再覆一层细土,厚1~2厘米,粗细土的总厚度为3~5厘米。粗细混合土一次性覆完时,覆土层厚度也是3~5厘米。一般来讲,料厚则覆土层可略厚一些,料薄的则覆土层可略薄一些。覆土厚,出菇稍迟,菇体个大盖厚,但个数较少;覆土薄,出菇较早,菇密,但个体较小。有机质含量多、孔隙度较大的覆土材料,可稍厚些;而黏性较大、孔隙度较小的覆土材料,宜薄一些。

覆土材料在覆用之前,应先调成半湿状,即以土粒外观潮润,中间无白心,用手可握之成团、松之则散为适宜。这时,土粒的含水量在20%~25%。当然,覆土材料也可以直接使用,等覆好后,再调节含水量至20%~25%。覆土时,将土装在小型容器中,均匀地抖散在料面上,边铺边补,土粒要求盖满菌床,排列紧密,厚薄一致,防止重叠或空白。铺平时,可用手或木片整平。切忌用大的容器把覆土材料成堆倒在菌床上,再用手推平。这样容易造成培养料下陷,使覆土层薄不均,而且对床架铺料栽培来说,还易导致菌床变形。

对已经调成半湿状的覆土材料来说,覆土后,可立即盖上地膜之类的塑料薄膜,并在菌床的边缘用土块等物将塑料薄膜稍微压实,以起到保温、遮阳等作用,令菌丝继续发菌及"爬土";对没有调到半湿状的覆土材料来讲,可在覆土后,及时喷洒清水,用水量以湿透覆土层为度,不可有沉淀水沉落料内,也不可过少(这样经过覆土层短暂的调节之后,就类似于半湿土了),然后再覆盖塑料薄膜,并用土块等物将塑料薄膜的边缘稍微压实。

**(3)覆土后的管理** 覆土盖膜后,可将环境气温控制在15℃~30℃,空气相对湿度保持在80%左右,并保持较黑暗的环境。一般10~20天以后,在覆土层表面即有大量虎奶菇菌丝生成。这时,空气相对湿度仍保持在80%左右,环境气温在15℃~30℃,只是要保持5℃~10℃的温差(常采取夜间降温、白天保持适度高温的办法来实现);同时,适量增加一些散射光,以促进原基及幼蕾的形成。一般再过7~10天,覆土层表面即可有大量米粒状原基出现,并很快长成黄豆粒大小的幼蕾(此现象叫做现蕾),此时,即可揭去盖膜,进入出菇管理阶段。

以上所讲的覆土方法是最常用的覆土方法,尤其适合于温度偏高时应用。其实,除此之外,还有几种覆土方法:一是在菌种萌发吃料,并在料中生长展开后进行,一般是在播种后的7~10天进行;二是在播种后,菌丝吃料达2/3左右时进行覆土;三是铺料播种后,随即先覆盖一层1~2厘米厚的粗土粒(土粒直径以1~1.5厘米为宜),再盖膜发菌,等菌丝吃料达2/3左右,或者等覆土层表面有虎奶菇菌丝冒出时,再覆盖一层2~3厘米厚的细土粒(土粒直径以0.5~1厘米为宜),整个覆土层的总厚度为3~5厘米,在温度偏低的季节应用该法的效果较好。无论采用哪一种覆土方法,所覆盖的土壤都要求达到半湿的程度(即含水量在20%~25%)。如前所述,这可通过直接采用半湿的土壤,或覆土后再将土壤及时调到半湿的程度来实现。

#### 7. 出菇期管理

这一阶段管理的重点,是加强对温、湿、光、气等条件的科学调控。尤其是要避免覆土层和空气干燥、光照(或日晒)过度、喷水过量。否则,易使菇体顶端乳突干裂或表面鳞片变为褐色甚至坏死,影响品质及产量。需指出的是,现蕾后,一直到这潮菇采收结束,已不需要温差刺激。也就是说,虽然每天24小时的温度有一个高低变化的范围,但不必再着意去加大白天和黑夜的温差了。

**(1)幼蕾期管理** 幼蕾期是虎奶菇出菇期对生活条件要求最严格、最苛刻的阶段,其生长条件是:温度16℃～26℃,最适宜温度20℃左右;空气相对湿度85%～90%,最适宜空气相对湿度90%左右,经常保持土壤呈湿润状态;通风适中,但必须保持空气新鲜,每天通风2～4次,每次30～40分钟;光照100～500勒。初夏和深秋气温偏低,菇房可早晚关闭门窗保温,中午打开门窗通风,菇棚则可将棚顶遮阳物抽稀,利用阳光增温。盛夏气温过高时,菇房则可早晚开门窗通风降温,中午将门窗全部关闭,或只开背风窗通风,防止热空气进入室内,并向地面、墙壁、空间喷水,通过水分蒸发降温,但在喷水时,要开门窗通风排潮;菇棚栽培,则应加厚棚顶遮阳物,以减少棚内光辐射,或将遮阳棚升高,与塑料棚顶保持约30厘米距离,以利于空气对流,降低棚内光辐射的热量,或于畦沟内灌水降温。在水分和湿度方面,现蕾揭膜后,要在1～2天之内分3～5次,及时向土层喷清水,将覆土层的含水量调到35%～40%。喷水时,可将喷头斜向上,向畦面上的空中喷雾状水,让水滴自然落下。不宜直接向畦面喷水,否则易造成幼蕾大批伤、死现象。喷水切忌过猛,以免冲击畦面等。用水量不宜过大,使土粒全部湿透即可(不要让土壤太湿或结块),以土壤呈湿润状态、土粒捏扁不散为度,这时,土壤的含水量在35%～40%。以后,也要经常保持土壤呈湿润状态(这一状态要一直保持采收前几小时)。当土壤表面发白变干时,要及时适当喷水。喷水次数1天1~2次即可。气温高时宜早上和晚上喷水,气温低时宜在上午或中午喷水。喷水前和喷水后均应适当通风,以免栽培环境过于闷湿。室外栽培时,要加强防雨措施,以免雨水灌入畦床,但拱棚顶加盖防雨薄膜不能过分严密,可将背雨的一面揭开通风。另外,特别要注意的是,通风必须适度,不可有强风骤然吹过畦面,更不可使环境温差过大,以免幼蕾萎缩死亡。

**(2)幼菇期管理** 较之幼蕾期,该阶段可适当放宽条件:温度25℃~35℃,空气相对湿度85%~95%,光照300~800勒,通风可适当加强,但同样要避免有强风骤然吹过畦面。随着菇体渐长,要逐渐增加喷水量及喷水次数。在实施喷水管理时,除向空中喷水外,可向覆土层和菇体适当喷洒雾状水,以保持覆土层和菇体湿润就行。当然,喷水量(或喷水次数)还要根据具体情况灵活掌握:气温适中、天晴干燥时要喷些,气温偏高或偏低、阴雨潮湿、闷热,要少喷些;环境保湿性能差的要多喷些,环境保湿性能好的要少喷些;菇多的要多喷些,菇少的可少喷些;覆土层厚的要多喷些,覆土层薄的可少喷些。

**(3)成菇期管理** 随着子实体的不断发育生长,对生活条件的要求也逐渐粗放,但为了获得优质的产品,同样也不可粗心大意,应保持环境温度在25℃以上、35℃以下,空气相对湿度在85%~95%,光照可掌握在1 000勒以下。通风条件应随着菇体的发育而不断加强,但仍忌大风吹过,以免菌盖表层产生龟裂,形成"花菇",影响商品质量。这一阶段的喷水方法类似于幼菇管理阶段,但喷水量(或喷水次数)较之幼菇管理阶段又有所增加。喷水时,除向空中喷水外,同样要适当向覆土层和菇体喷洒雾状水,保持覆土层和菇体湿润就行。

在实施喷水管理时,大型栽培通常使用踏板式喷雾器或机动喷雾器进行喷雾增湿,而一般的栽培者则多使用背负式喷雾器喷雾。在菇房(棚)内采用畦床式栽培方式,用背负式喷雾器喷水时,由于各畦床之间的行间(走道)较小,背负较重,喷水十分不便。为此,可将喷雾器略做改装,即可落地使用,不受行间的影响。其方法是:将手压杆取下不用,"Z"形连杆倒用,就是将"Z"形连杆的短弯头连接于喷雾器的气筒杆上,手直接拉、压连接杆的长弯头,高度正好,使用方便。喷雾器可在行间拉来拉去,使人免去背负之苦。这一改进主要适用于在菇房(棚)内采用地面畦床式(即单层畦床式)的栽培方式。

从现蕾(即出现幼蕾)到长至六至八成熟,一般适宜条件下需7天左右。期间应根据子实体的不同阶段,照顾大多数,实施恰当的管理。

(4)潮间管理 采收后的畦床,应及时进行整理和管理,清除畦面的老根、死菇、烂菇等杂物,铲除污染严重的土粒,整平畦面,凹洼处补水、整平、喷水,整个畦床亦需补水,可用 pH 值为 8 的生石灰水均匀喷洒,补水量以喷透覆土层为度。补水后再覆盖薄膜,如前管理,经过 8~10 天又可出第二潮菇。用类似的管理方法,如管理得当,一般可采菇 4~5 潮,其总生物学效率为 100%~200%(即 100 千克干料可产鲜菇 100~200 千克),如管理得法,产量还会提高。在第一潮菇以后,如果采取在畦床上打洞灌水的方法对培养料补充水分,则增产效果会更好。其具体方法:前潮菇收完,床面清理干净之后,用直径 2~3 厘米的木棒(前头削成尖状),在畦面上打若干个孔洞,直打到料底或接近料底(对于采用床架畦床式栽培以及在菇房内采用地面畦式栽培的,打洞时接近料底就行了,不要将畦底的塑料薄膜扎破),洞距 15~20 厘米×15~20 厘米,呈"品"字形或矩形或正方形分布(最好呈"品"字形分布),然后,即可灌水。对于采用地面畦床式栽培方式的,可适度、大量地灌水 1 次或几次,在 1~3 天内,让培养料吸水至原播种时的含水量;对于采用床架畦床式栽培以及在菇房内采用地面畦式栽培的,可通过少量多次灌水,在3天内,将水分补足。采用上述方法对培养料补足水分后,再适量补土并整平畦面。新补的覆土,若水分不足,可适量喷水。然后,继续如前养菌出菇。上述灌水方法,可在第一潮菇采收以后的任意一潮菇出菇前的畦床整理期间施用(最好在第二潮菇以后),但在整个栽培周期,只需用1次即可。另外,在第一潮菇以后,为了及时充分地对培养料和覆土层补充养分,还必须适时追肥,即追施营养液。营养液的具体配方和施用方法,请参看下节。

### 8. 营养液的配制和使用

在虎奶菇的栽培过程中,追施营养液是一项十分重要的增产措施。所谓营养液,又叫增产剂、液体追肥等,是指含有虎奶菇生长发育所必需的营养物质(如碳、氮、磷、钙、镁、硫以及微量元素等)的水溶液。虎奶菇收获头潮菇后,培养料中的养分和水分就大大减少;采收二潮菇后,培养料中的养分和水分愈显不足,产量和质量明显下降,因此,必须及时对培养料(包括覆土层)补施营养液和水分,以增强虎奶菇子实体的生长后劲,提高后潮菇的产量和质量。虎奶菇营养液的增产效果是十分明显的,追施后,每潮菇的增产幅度一般都在10%~30%,高的可达50%以上。因此,掌握营养液的配制和使用方法,对栽培者具有重要意义。

**(1)营养液的配方** 虎奶菇营养液的配方很多,现重点介绍以下配方。

配方1(尿素液):尿素100~200克,加水100升(即100千克,下同)。

配方2(磷酸二氢钾液):磷酸二氢钾100~200克,加水100升。

配方3(尿糖液)尿素100克,糖(蔗糖、葡萄糖等,下同)500~1 000克,加水100升。

配方 4(尿柠液):尿素 300～500 克,柠檬酸 100 克,加水 100 升,用氢氧化钠调整 pH 值至 7。

配方 5(尿糖柠液):尿素、糖各 400 克,柠檬酸 100 克,加水 100 升。

配方 6(尿磷液):尿素 100 克,过磷酸钙 1 000 克,加水 100 升。

配方 7(尿磷硫液):尿素 100 克,磷酸二氢钾 100～200 克,硫酸镁 10 克,加水 100 升。

配方 8(尿磷钾液):尿素 100 克,磷酸二氢钾 100～200 克,加水 100 升。

配方 9(糖微液):糖 1 000 克,多元微肥 400 克,加水 100 升。

配方 10(糖味液):糖 1 000 克,味精 100 克,加水 100 升。

配方 11(糖碳磷液):糖 500～1 000 克,碳酸钙 500～1 000 克,磷酸二氢钾 100 克,加水 100 升。

配方 12(糖碳磷硫液):糖 500～1 000 克,碳酸钙 500～1 000 克,磷酸二氢钾 100 克,硫酸镁 50 克,加水 100 升。

配方 13(糖尿五味液):糖 1 000 克,尿素 250～500 克,马铃薯汁 2 000 克,磷酸二氢钾 100 克,维生素 $B_1$ 10 克,加水 100 升。

**(2)营养液的使用方法** 在虎奶菇的畦床式栽培中,营养液的追施方法主要有灌施、注施、喷施等几种。

①灌施 一般在第二潮菇以后施用。即参照对虎奶菇畦床培养料打洞灌水的方法,在畦面上打洞,只不过浇灌的是营养液而不是水。采用打洞灌施,在整个栽培周期,只需浇灌 1 次即可。另一种灌施法,是采用漏斗灌施;即将畦面上的覆土扒开,按照 10～15 厘米×10～15 厘米(呈"品"字形分布)的距离,将漏斗插入到料面以下一定深度,灌入 10～20 毫升营养液,然后覆土。采用漏斗灌施,每潮菇采收后,灌施 1～2 次即可。

②注施 即采用补水针等工具,在料面上按照 10～15 厘米×

10~15厘米(呈"品"字形分布)的距离,将补水针等插入到料面以下一定深度,将营养液注入料内(每一处注入10~20毫升)。每潮菇采收后,注施1~2次即可。

③喷施 即采用喷雾器(包括小型喷雾器)或喷壶等,将营养液喷于覆土层中。喷施期既可以在头潮菇生长期间,也可以在二潮菇采收以后。喷施时,既可在料面无菇时喷于覆土层中,也可在菇体生长期喷于覆土及菇体上,一般以在料面无菇时喷于覆土层中为宜。喷施用量,每次每平方米以500~1 000毫升营养液为宜。每潮菇采收后,喷施1~2次即可。喷施前、喷施后均要喷清水。以免对菇体生长带来不利影响。

在采用以上方法追施营养液时,还应注意以下几点。

第一,追施营养液,一般要在虎奶菇菌丝生活力尚未衰退时使用。如菌床严重污染杂菌、遭受虫害或在产菇末期追施,效果不明显。

第二,选用营养液配方时,应因地制宜,什么方便,有什么,就使用什么。将1~2种或几种营养液轮换使用,效果较好。这对于某些养分较单纯的无机肥料尤为必要,如果长期使用某一种营养液,因营养成分比例失调,很难收到预期的效果。如果条件允许,要尽量选用养分较全面的营养液配方。

第三,营养液要随配随用,其浓度要适当,可略微偏低,但不能偏高,否则,可能适得其反。

另外,如在头潮菇使用营养液,还可与覆土结合起来进行,即在准备覆土时,将配好的营养液浇入覆土材料(每立方米覆土材料可加营养液20~40升),拌匀后覆土。这样既可使营养液中的养分通过土壤的渗透吸收,持续不断地补充到培养料中,供给子实体生长的需要,又可免去追施等操作上的麻烦。

# （二）野外简易菇棚栽培法

简易菇棚是我国南方阴湿地区采用的栽培虎奶菇设施。以木屑、秸秆粉为主料，处理方法以熟料为主。

## 1. 简易菇棚类型

简易菇棚分为以下两种：

（1）草棚　这是南方虎奶菇生产上常用的菇棚，并适宜多种食用菌生产使用。菇棚的结构和屋架制作同水泥瓦菇棚，在菇棚顶部和四周用草帘覆盖。也可将几个菇棚并排连接而成一个大型的菇棚，面积可达到几千至 1 万余米$^2$，可放置数十万袋出菇。

（2）遮阳网棚　由于草棚菇棚易发生火灾，因此，建议改建成遮阳网菇棚，可减少火灾发生，且建造简便。遮阳网菇棚的屋架结构与草棚菇棚相同，顶部高 3 米，两侧高 1.8～2 米，宽为 7 米，长度不限。在菇棚顶部先盖一层黑色塑料薄膜后，再盖遮阳网，遮阳网的遮光率要求达到 95%，或者用加密了的遮阳网。四周用草帘围盖，或者用水泥瓦做围墙，也可全用遮阳网，但最好使用双层遮光率为 95% 的遮阳网。可将几个遮阳网菇棚并排连接，形成 1 个整体的菇棚群。

## 2. 培养料配制

按配方比例称取各种原料，先将干料混合拌匀，再加水拌匀。石灰最好先溶解于水中后，取上清液加入。一般加水量按料水比为 1∶1.2～1.3，即 100 千克干料中加水 120～130 千克，即培养料的含水量为 65% 左右，用手捏紧培养料无水滴出，手指缝间有水可见为宜。如果培养料中有玉米芯时，因玉米芯颗粒较粗，不易吸水湿透，按常规方法拌料时，会造成灭菌不彻底。因此，玉米芯要先用水浸泡几小时湿透后,捞出再与其他原料混合拌匀。或者先加水拌匀后,堆成小堆覆盖塑料薄膜,堆放一夜湿透后,再与其他原料混合拌匀。

拌好的培养料,即可装入袋中。但使用以麦秸和稻草为主要原料的,因麦秸粉和稻草粉疏松,并富有弹性,使装入袋中的培养料数量减少。因此,最好堆积 7 天左右,其间翻堆 1 次,使秸秆粉软化后,再装入袋中,方可增加装入袋中培养料数量。

### 3. 装袋灭菌

装袋用塑料袋的规格为 20 厘米×40 厘米,或 20 厘米×43 厘米。采用高压锅灭菌时,要用聚丙烯塑料袋;常压土蒸灶灭菌时,可用高密度聚乙烯塑料袋。用机械或手工将培养料装入袋中。手工装料时,边装入料边压实,层层压紧,使装入袋中培养料上下松紧一致。装好料后,袋口上用绳子扎好。或者套上颈圈,用塑料薄膜封口。装好的料袋应及时灭菌,不宜放置时间过久,以免袋中培养料发酵变质。

用罩篷灭菌灶灭菌,当灶内温度上升到 100℃时,保持 16～20 小时,再闷 4～5 小时或一夜后打开灶门。用高压锅灭菌,当压力上升到 0.05 兆帕时,放掉锅内气体,如此连续进行 2 次;当压力上升到 0.147 兆帕,即安全阀自动放气时,开始计时,并在此压力下保持 3 小时,即可达到灭菌的目的。

### 4. 接种培养

接种需在无菌条件下进行。将冷却到与室温一致的料袋放入接种箱或接种室内。用气雾消毒盒熏蒸杀菌,或用甲醛与高锰酸钾混合后产生的气体来进行熏蒸杀菌。杀菌处理 1～2 小时,待刺激性气味减少后,开始进行接种操作。接种工具和原种瓶外表用消毒剂如 75％酒精或 0.2％高锰酸钾等擦洗消毒后放入接种场所内。先钩出瓶中表面老种块去掉,取下层菌种使用,将菌种钩入袋口内,然后上颈圈,用灭过菌的干燥纸封口。

培养是让菌萌发并长满袋的过程。由于栽培的生产季节正处于秋季高温期间,培养时,要选择阴凉干燥的培养室来培养。将菌袋单层排放在床架上,或在地面上"井"字形地码袋。菌袋温度控制在 28℃ 以下,最高温度不超过 33℃,高于 45℃ 时,菌种就会被烧死。在培养 3 天以后,因菌袋会自身发热,使菌袋内温度升高。因此,要加强通风散热管理。此外培养发菌期间,要遮好光,保持培养室内空气新鲜,降低空气相对湿度,避免出现高温高湿的环境,引起杂菌感染。培养 7 天以后,或在菌丝还没有长满袋之前,认真检查菌袋,将感染杂菌的菌袋搬出培养室处理掉,以免传染其他菌袋。

### 5. 菌袋覆土

将畦面按宽 1～1.3 米,深 0.1 米挖浅沟,将松土收集进行堆制驱虫和杀菌,每立方米土用 1 千克石灰水对水稀释后拌入,盖薄膜闷 3～4 天,打开薄膜,翻松堆土备用;沟面喷 1‰ 石灰水进行驱虫和杀菌,作为菇床备用。将长满菌丝的菌袋开袋,先将畦面用 1‰ 石灰水浇湿,然后把菌袋整齐地平放在畦面上,袋与袋之间距 3～5 厘米,填入上面消毒好的土,顶上再覆土 2～3 厘米,浇透水,上面再用少量稻草保湿、遮光退可。

### 6. 出菇管理

出菇要做好调温、保湿、通风换气和光照管理。

**(1) 温 度 控 制** 子实体生长发育期间,要将温度控制在 28℃～33℃。温度高于 40℃ 时,子实体生长加快,菌柄较长,菌盖生长快易长大,盖薄,颜色浅,呈棕白色,质量较差。温度低于 8℃ 时,菌盖表面易长出刺状物,使菌盖表面不光滑,从而降低了质量。

温度调节主要是通过适时安排生产出菇季节来达到要求。出菇季节安排在5月上旬至10月份。在温度偏高时，通过加大通风换气，结合喷水来降低温度，以及采取适时采收，勤采菇来提高质量。温度偏低时，要降低通风换气量，通风换气应在晴天中午进行，夜间停止通风，做好保温管理。温度高时，在菇房顶部加盖草帘降低阳光辐射升温。

**(2)湿度调节** 子实体生长发育期间，对水分的需求量较大，要求环境中空气相对湿度达到85%～95%，低于70%时，菇体菌盖表面易失水干燥，生长受到抑制。但长期处于高湿环境下，菇蕾会变成黄色，最后死亡腐烂。喷水保湿要根据菇体大小和气候而定。子实体处于干湿珊瑚期不能喷水，在子实体长到1厘米长后，根据环境中干湿情况来决定喷水。在晴天空气干燥时，要多喷水，喷水要做到少喷勤喷，主要向地面喷水，通过浇湿地面来增大湿度。在菇体上不能喷水过多，一旦菇体上吸水过多，就会死亡。在阴天和雨天，一般不喷水。每次喷水后，结合进行通风换气，让菇体上过多的水分蒸发掉。

**(3)光照控制** 子实体形成和生长发育期间，都需要散射光照。但只要有微弱的光照就能满足其生长。在完全黑暗的条件下，子实体原基不易形成。已长出的菇，也会长成无菌盖、菌柄似珊瑚的畸形菇。光照也不宜过强，光照太强后，菇体易失水，造成保湿困难，还会增加菇房内温房。但在温度偏低时，可通过增加光照，来提高菇房内温度。

**(4)通风换气** 子实体生长发育期间，要消耗大量氧气，排出二氧化碳。二氧化碳浓度增高后，就会促进菌柄生长，抑制菌盖发育。由于虎奶菇的产品要求菌柄长度达到4厘米，因此要适当增加二氧化碳浓度，使菌柄生长加长，降低菌盖生长速度，使之长成柄较长，菌盖较小的菇。生产上通过缩小菌袋墙之间距离和减少通风量来满足子实体生长的空气条件。但也要适当地进行通风换气。防止二氧化碳浓度过高后,长成畸形菇。出菇期间的温度、湿度、空气和光线是综合地起作用。任何一个条件不具备,都将造成生长不良,因此不要偏废任何一个环境条件。

# (三)熟料袋式发菌栽培法

虎奶菇的栽培,如果选用袋栽形式,灵活性更大。因为虎奶菇覆土后产量很高,而且菌丝体抗老化能力强,制好的菌袋在室温下几个月甚至1年左右,也不影响出菇,所以制菌袋不分季节、气温,长年可制。平时制好菌袋,暂存起来。只要温度在20℃～30℃,即可根据市场情况,分期分批脱袋覆土出菇,供应市场,以获取最佳效益。

## 1. 制备培养料

培养料的制备。任选前面一种配方,制备培养料。其制备方法通常有两种:一是按常规方法(采用人工拌料或机械拌料),加水翻拌均匀,调整好含水量和 pH 值后,及时装袋、灭菌;二是在培养料拌好后,先堆制发酵3～6天,然后散堆,并调整好含水量和 pH 值,待料温降至30℃以下或常温(夏秋季)后,再装袋、灭菌。第一种方法的栽培效果当然也很好,但若采用第二种方法,培养料先初步发酵几天,再装袋灭菌,进行熟料栽培,则更有利于菌丝的生长,可进一步提高菌袋的成品率,缩短发菌时间,提高产量。可根据具体情况,选用最适合自己的方法。

上述培养料的具体制备方法,无论是采用第一种方法还是第二种方法,培养料装袋前最终的含水量都要调整到 60%～65%,即用手握紧培养料,指缝间有水渗出但不下滴,手握成团,约1米高处掷地即散为适宜,料的 pH 值自然或达到 7.5～8(除极个别情况下,培养料的 pH 值太低或太高,需进行适当调整外,一般情况下,培养料的 pH 值均不需调整,保持自然即可)。

## 2. 装袋灭菌

人工装料的方法,类似于前述的栽培种培养基料袋的装法。装好料后,如有条件,也可以根据料袋的规格,用直径 1.5～2 厘米的圆木锥、塑料棒或钢筋等,在料中央沿料袋的长度方向打 1 个孔洞,直达料底或接近料底;或在料面上均匀布局,沿料袋的长度方向打 2～4 个孔洞,直达料底或接近料底,再封口。这样,更有利于透气和菌丝发育,可缩短发菌时间。如果在接种时,让菌种块掉入洞中,将更进一步加速菌丝的生长,其长满袋的时间大为缩短。料袋的封口方法有多种,一是采用线绳扎封;二是在袋口套上塑料颈圈(又叫塑料颈环,其直径一般 3～5 厘米,高 1.5～2 厘米),用棉塞或泡沫塞封口后,再在袋口包扎塑膜或牛皮纸等;三是用无棉套环封口;四是将袋口折下,用别针封住,或用订书针钉上。当然,还有其他的封口方法。

无论机器装料或人工装料,均要达到以下要求。

第一,装料松紧适中。标准的松紧度,还可用手托法来检验,即手托料袋中部,若两头不下垂或微垂,袋内料不裂缝,则表示装料松紧适中;若手托料袋中部,两头下垂,袋内料断裂成缝,则表明装袋太松。太松时袋内氧气充足,菌丝长速快,但翻袋时易断裂,由于装量少,营养不足,影响产量与品质;若装料太紧,透气性差,菌丝生长缓慢,且袋易破损。

第二,扎牢袋口。机械装料进袋紧实,离机后袋料容易松动,因此要抓紧捆扎袋口,并要扎牢,不漏气。

第三,装料和搬运过程中,均要轻拿轻放,不可硬拉乱摔,以免使料袋破裂。装料场地和搬运车具上,均需铺放麻袋、编织袋或薄膜等,防止料袋被刺破,造成杂菌侵入。一旦料袋被刺破,要及时用胶带封好。

第四,装袋要抢时间,料装入袋后,由于不透气,料温上升很快。为防止发酵酸变,一定要抓紧时间,从开始装袋到结束,一般不宜超过3小时,无论是机装袋还是手工装袋,均应安排好人员。

第五,配料量和灭菌锅(灶)的容量要等量,做到当天配料,当天装完,当天灭菌。

综上所述,装袋后,要及时灭菌。灭菌分常压灭菌和高压灭菌两种形式。聚乙烯塑料只宜用常压灭菌,聚丙烯袋常压灭菌或高压灭菌均可。生产上因栽培袋的数量较大,一般采用常压灭菌。摆放料袋时,袋一般是卧放。最好将料袋放在周转筐内,再放入锅中,进行灭菌。特别是打孔的料袋,为了保证保留料中的孔洞,无论是高压或常压灭菌,都要尽量使用周转筐。在装锅时,周转筐均要上下对应齐整,层层排放,行间及周围均留有一定空隙,最好堆叠几层后,中间放一活动格栅,再继续堆叠,这样有利于蒸汽运行畅通,易于灭菌彻底。同时,以供接种时使用(主要用来替换灭菌时沾湿的棉塞)。

常用灭菌时,应掌握"攻头、控中间、保尾"的原则。灭菌一开始,就要烧猛火,力争在2～5小时内使料温达到100℃左右(最低不低于95℃)。然后,中火控温,使料温一直保持在100℃左右(95℃～105℃)。灭菌时间的长短,根据培养料的处理情况、料袋的规格及仓内的装量等情况确定。对于拌料后直接装袋的料袋,若是小袋装料的,装袋量在1500袋以下时,需要6～9小时;装袋量超过1500袋的,则需要8～12小时。对于拌料后初步发酵几天再装袋的料袋,和拌料后直接装袋相比较,在料袋的规格及仓内的装置相等或类似的情况下,其灭菌时间要相应缩短2～3小时。灭菌结束前约30分钟,要再次猛烧大火。停火后,应继续加热水,防止底火烧干锅。同时,让热汽从排气孔排出或让其自然降温。在整个灭菌过程中,还要注意:一是前期大火攻头,不要过大,以免在很短的时间内(小型灭菌灶1小时之内,中、大型灭菌灶1～2小时之内)蒸仓就冒大汽,易出现"假压",而料温没有达到 100℃,就开始计时间,会出现灭菌不彻底;二是要及时向锅内补加热水,以防烧干锅。

若采用高压灭菌,对于拌料后直接装袋的料袋来说,小袋的,要在 147 千帕 128℃保持 1.5～2 小时。对于拌料后初步发酵几天再装袋的料袋,和控温料后直接装袋的料袋相比较,在料袋的规格及仓内的装量相等或类似的情况下,其灭菌时间要相应缩短 30 分钟左右。灭菌过程中不得掉温,若有掉温或气压下降现象,要重新计时。

灭菌时间达到规定时间后,停止加热,再闷上 3～5 个小时。当料温降至 60℃～70℃时,即可抢温出锅。也可在停火后,再闷一夜或半天后取出料袋,比立即取出料袋为好,可利用余热继续灭菌,增强灭菌效果。出锅时,要检查料袋是否有微孔、破裂、散口等现象,对破裂的要趁热用胶带粘贴,散口的要用绳扎紧袋口。在搬运过程中,一定要轻拿轻放,不要莽撞,防止弄破料袋。栽培袋不太多时,一般放在消过毒的冷却室或接种室内冷却。若栽培袋数量大,可找一个背风遮阳、空气流通的场所(避免空气强流通),且事先在地面上撒一些生石灰粉,或用硫黄熏蒸消毒,以保证料袋在冷却过程中不受二次污染。当料温自然冷却至 30℃以下或常温(夏秋季)时,即可移入接种环境,开始接种。另外,若在取出料袋后,趁热装下一锅料袋进行灭菌,可加快升温,节省燃料。

**3. 接种培养**

灭菌后的料袋,当料温自然冷却至 30℃以下或常温(夏秋季)时,即可进行接种。接种可以在接种室(罩、箱)中进行。若无专用接种室(罩、箱),也可在干净的普通房间、薄膜棚内或发菌室内接种。当然,也可以利用蒸汽接种器等进行接种。要选用健壮、适龄、无病虫危害的优质栽培种。将冷却至适温的料袋、菌种和接种工具等，移到接种场所内，然后按常规对接种环境严格消毒。其具体的消毒方法，可参照前述母种及原种制作的有关内容。接种环境消毒后，即可开始接种。整个接种过程应严格按照无菌操作规程进行。在接种箱(罩)中接种时，一般是1人独立操作。而在接种室(棚)内等空间较大的环境中接种时，通常采用2人一组进行接种。

接种前，菌种袋(瓶)外表用 0.1%～0.2%高锰酸钾液等消毒剂擦洗消毒。接种人员先用 75%酒精棉球擦拭双手和接种工具，点燃酒精灯。接种时所用的接种工具，都应经火焰灼烧灭菌。在酒精灯火焰的上方，打开菌种袋(瓶)口，酒精灯火焰封口，用经火焰消毒并冷却后的接种匙、挖菌锄等接种工具，先将袋(瓶)口菌种表面的一层老菌皮、老接种块去掉，取下层菌种使用。其具体的接种方法，与前述栽培种的接种方法类似。普通料袋，在料袋的两端分别接种，折角料袋则在一端接种。除直接从菌种袋(瓶)中挖取菌种接种外，也可先将菌种从袋(瓶)中取出，放入用 0.1%高锰酸钾液擦洗消毒过的盆内，按前述要求，将不同类型的菌种碎成相应大小的颗粒，再用手或接种工具将菌种放入袋口内。另外，袋装菌种还可以直接用手抓取菌种进行接种。对于料面打孔的料袋，可将菌种接入料表面的小孔中，稍向下压，使 1/3 的菌种掉入洞中，2/3 的菌种铺于料面。对于较大较粗的料袋，若在装料时两端没有打孔，多采用两端打孔接种法。即在接种时，依次将两端的袋口打开，用消过毒的尖头木棒等，在每端的料面各打 3～5 个接种穴，穴口直径约 2 厘米，穴深 3～5 厘米。每穴接入蚕豆粒或黄豆粒大的菌种 2～4 块，尽量填满穴口。最后，再在料面上撒一些碎菌种，以利于菌丝尽快占领料面，减少杂菌污染。然后，在两端加套颈圈，再将消毒棉塞或泡沫塞塞于颈圈内。若用线绳扎紧两端，应在发菌期间及时松绳或解绳增氧，才能加快菌丝长速。另外，较长的料袋(尤其是较细长的料袋)还可在侧面打孔接种，只是此法不常用,故在此不述。

以上各类接种方法,其接种量一般均为干料重的 10%～15%。在进行上述各类接种时,菌种要尽量取块接入,减少碎屑型菌种,以加速萌发,尽快让菌丝覆盖料面,最大限度地降低污染,提高发菌的成功率。接种时,要尽量用酒精灯火焰的外焰灭菌。栽培袋口和菌种袋(瓶)口打开时,只能暴露在火焰附近以直径为 10厘米的无菌区内,并在无菌区内封口。接种过程中,如发现袋口棉塞已湿,要换上灭过菌的干棉塞。

每接完一袋(瓶)菌种,接种工具要重新消毒 1 次。一批料袋应 1 次接完,中间不要随便打开室(罩、箱)门。接种好的菌袋运出后,要清理工具、杂物,打扫卫生,装入下批料,并打开接种室的门窗或接种罩(箱)门,通风换气 30～40 分钟,然后关闭门、窗,重新消毒后再接种。对因特殊情况未接完种的料袋,应将接种室(罩、箱)重新消毒后,再接种。

由于虎奶菇的最高生长临界温度为 35℃,而因为采用酒精灯火焰灭菌,接种箱内的温度一般要比室温高 5℃～10℃。在高温季节,接种箱内的温度可高达 40℃～50℃,极易灼伤或烫死菌种。因此,若在高温季节接种,尤其是采用接种箱接种时,要尽量安排在早晨或夜间进行。早晨或夜间气温较低,杂菌活动也较弱,还可减少杂菌污染。在接种室(罩)内接种时,由于氧气不足和药物反应,有时会使接种人员头晕、呕吐,或刺激眼睛。可在室(罩)内按每立方米空间用 25%～30%的氨水溶液 30～50 毫升或碳酸氢铵20～30 克熏蒸。

接好菌种的栽培袋要及时移动培养室(发菌室)发菌培养。培养室在使用前,应彻底清扫、消毒(及杀虫)。对密封程度好的培养室,可采用熏蒸法或喷雾法消毒;密封程度不太好的培养室,则只宜采用喷雾法消毒。菌袋可堆放在培养架上或地面上发菌。要根据菌袋类型和环境温度,合理确定堆放方式及高度等。两端接种的细袋,或卧放堆放叠于床架上,根据床架的层高及菌袋的粗细,每层床架可堆叠 2～4 层。在地面上堆放时,则既可单排或双排横卧堆叠,也可按"井"字形堆叠。单排堆菌袋横卧,一袋紧挨一袋,单行摆放一层以后,再顺码往上摆,堆叠高度 5～10 层,排与排之间留约 50 厘米宽的走道;双排堆叠,就是两袋头对头相挨,横卧摆放在一起,摆成两行,摆放一层以后,再顺码往上摆,堆叠高度 6～12 层,排与排之间也要留约 50 厘米走道;"井"字形堆叠就是 4 袋交叉,横直堆叠,一层一层往上摆,一般堆叠 5～10 层,各堆叠之间同样要留出走道。在上述的层数范围内,室温低时(如春季发菌)可堆高些,室温高时(如夏季发菌)则可堆低些。

培菌期间,宜将室温控制在 20℃～26℃,春季发菌时,外界气温较低,应通过尽量缩小袋距和堆距,增加堆高,用塑料薄膜覆盖料堆,或添置升温设备等措施,升高室温;夏季发菌时,外界气温很高,应想方设法,通过安装空调等,来降低室温。发菌期间,除控制室温外,还要注意检查料温。在菌丝生长旺盛期,料温通常要比室温高 2℃～4℃。为使室温、料温大体保持平衡,在发菌期间,尤其是高温期发菌及发菌后期,要通过采取疏散堆距,改变堆形,降低堆高,翻堆,加强通风降低室温,以预防高温烧菌。当料温超过30℃时,就要及时采取降温措施。

发菌阶段,要求室内干燥,空气相对湿度应保持在 65%～70%。若湿度过大,可加强通风,亦可在室内放置一些生石灰,以吸掉空气中的部分水汽。若有条件,可安装除湿机,使室内空气相对湿度相对恒定。湿度过小时,可在墙壁及地面适当喷一些水。也可采用在室内挂湿布或拖地板的方法,来增大室内湿度。

发菌期间,还要适时适量地通风换气。但在菌丝生长的不同阶段,对通风的要求也有不同。发菌前期(接种后 7 天之内),可少通风或不通风,以促进菌种块尽快萌发定植,但若室温高于28℃,则应于早晚各通风降温 1 次,每次 20～30 分钟,以避免烧菌;发菌中期(接种后 8～15 天),可每天通风 30～60 分钟;发菌后期(接种后 16 天到结束发菌),要每天通风 1～2 小时。通风时,还要注意对温度和湿度的影响。外界风大时,换气要小心,避免大风直接灌入;低温天气,可利用晴天中午开南窗;高温天气,可于早晚通风;下雨天,可少通风或不通风。另外,接种后 10～20 天,菌丝生长加快,呼吸旺盛。对采用线绳扎紧袋口的菌袋,此时可适当松动一下袋口绳或解开袋口绳,以加强供氧;也可用灭菌牙签或细针等,在袋口周围扎 5～10 个细孔增氧。并注意室内通风降温,袋温最好保持在 24℃左右,最高不得超过 30℃,以免造成烧菌。

发菌期间,要保持室内黑暗,或有微弱的散射光。培养室的门窗需用黑布、黑塑料布或草帘等遮光。但要注意通风,不能因避光而将培养室遮盖得密不透风,造成空气不流动。最好悬挂密度较大的遮阳网,既可遮光,又不影响室内通风。

接种后 7～10 天,可进行第一次翻堆检查。翻堆时,要将上下、中间、左右位置的菌袋互换。同时,要逐袋检查菌丝萌发情况和有无杂菌感染。把不萌发的菌袋集中在一起,重新接种;将有杂菌污染的菌袋清理出去,原料晒干后,可再次利用。以后每隔 5～10 天翻堆检查 1 次,及时处理杂菌污染和其他发菌异常情况下,翻堆间隔。

### 4. 菌袋覆土

虎奶菇袋栽覆土出菇的方式,一般有 3 种:一是菌袋开口直接覆土出菇;二是脱袋后覆土出菇;三是将脱袋后的菌棒(又叫菌筒)压成块,再覆土出菇。第一种覆土出菇方式,出菇时间和场地安排最灵活,可利用各种床架及栽培场地,而且产量亦高,整个出菇期可出 3～4 潮菇,生物学效率可达 100%左右。后两种覆土出菇方式,可使养分较为集中,出菇整齐,有利于提高子实体的产量、质量。

采用第一种覆土方式时,可利用各类菇房(棚)、野外荫棚,或在玉米等高秆作物的行间、蔓生蔬菜或瓜类的高棚架下以及树林、果园下面,直接摆袋,覆土出菇(视情况,可搭设或不搭设小拱棚);也可在露地选下雨不积水、背风向阳处,建造阳畦,摆袋覆土出菇(适宜于春末或秋末冬初气温低时采用);若发菌室面积宽裕,还可就地出菇(又叫一场制栽培),采用这一方式,菌袋可单层直立摆放在地上或床架上。若在地面上或阳畦内单层直立摆袋,可摆成宽30~100厘米、长不限的长排,相邻的两排之间(或相邻的阳畦之间)留一宽35~50厘米的人行道。在菇房(棚)内以及野外荫棚下摆放时,为充分利用空间,可设置多层出菇床架。床架在菇房内的排列,一般宜与菇房的走向垂直,即坐北朝南东西走向的菇房,其床架应呈南北向排列。床架一般宽60~100厘米,长以菇房的宽度而定,层数则视菇房的高度确定,一般设3~6层,层距40~60厘米,最底层距地面也是40~60厘米(可直立摆放一层菌袋),最上层离屋顶至少1米。相邻床架之间,要留有约60厘米宽的人行道;床架与墙壁之间,也要留有40~60厘米宽的人行道。床架要求坚实牢固,通常以竹、木、金属材料或钢筋水泥等制作固定架。每层床架的四周,可用木板、竹竿或玉米秸秆等围制成高20~35厘米的围栏。在大棚内或荫棚下,也可参照上述规格,依势设置多层床架。床架在棚内或荫棚下,也可参照上述规格,依势设置多层床架。床架在棚内的排列,宜与大棚的走向(长度方向)平行。床架的顶层距棚顶60厘米以上。

出菇场所在使用前,须彻底清扫,并提前2~4天,进行消毒(及杀虫)处理。对密封程度较好的室(棚),可采用熏蒸法或喷雾法消毒;对密封程度较差的室(棚),以及室外等其他出菇场所,则只宜选用喷雾法消毒。另外,对在发菌室内就地出菇的,则消毒也可简便一些,只需采用喷雾法即可。

出菇场所消毒(及杀虫)之后,就可将菌袋搬入,开袋覆土。逐一打开袋口,在料面上均匀覆盖一层 2～4 厘米厚的土壤(最好是半湿土),将覆土后的菌袋上部往下折,使袋口边缘高出土面 2～4厘米,并将处理好的菌袋均匀地竖直排列在地面上、阳畦内或床架上。排放时,袋与袋之间可紧挨着摆放,或留有 2～3 厘米的距离。在地面上或阳畦内排袋时,在排袋前,宜先在地面上或畦底撒一薄层生石灰粉;同时,还可将菌袋的底部扎几个小洞,以利于排除多余的水分。采用上述方法排袋覆土之后,在每层菌袋的上方,还要覆盖塑料膜或无纺布等,以更好地保温。

采用第二种覆土方式时,先要挖坑做畦。畦床可建在菇棚内、荫棚下、农作物行间或林、果园下,以及向阳的露地等处。野外及田间栽培的场地,要求地势较高,土地肥沃,保水性能好,排水通畅,下雨后不积水。一般挖成宽 30～150 厘米、长度不限的南北向或东西向畦床。畦深 15～35 厘米,其具体深度以菌棒摆放覆土后的土面高度,比畦埂低 3～5 厘米或与畦埂平齐为宜。畦床的底部可做成平底或略呈龟背形,并拍实;畦床的四周也要拍实。相邻的畦床间距 35～50 厘米。并在四周开好排水沟。畦床建好后,在排棒覆土前,先往畦内浇一次透水,待水渗下后,再对畦底及畦内四壁喷洒 3%～5%的生石灰水,或撒一薄层生石灰粉消毒。视情况,可再喷洒 1 遍 0.1%敌敌畏杀虫。

将菌袋用小刀割开,小心地取出菌棒,避免菌棒断裂,然后将菌棒立排(又叫立棒排放或竖棒排放)或卧排(又叫卧棒排放或横棒排放)在畦内。卧排时,菌棒顺畦床的长度方向或宽度方向排放。一般来说,立棒排放的出菇更早,产量更高,质量更好。要边脱袋,边排棒,边覆土,防止菌棒失水干燥和被杂菌侵染。同时,应将感染杂菌的菌袋(棒)拣出,单独处理,不可鱼龙混杂,引起杂菌的蔓延。较短的细袋,可在脱袋后直接立排或卧排(若是一端接种的菌棒,如折角袋制作的菌棒,竖放时,要使接种的一端朝上);而较长的细袋,脱袋后,如果菌棒过长,在立排时,可用消过毒的刀将其从中间切断,并使切断面向下,竖立摆放。上述各类菌棒,无论立排或卧排,均要以菌棒的上端平整为准,并且相邻的菌棒之间均间隔2～5厘米,空隙间用土壤(含水量在干土和半湿土之间的土壤均可)填满,与菌棒表面相平或略高。待整畦的菌棒排好,并用土壤填满空隙后,即可用水将畦床浇透,然后再在菌棒的表面覆土。对竖排的菌棒,表面可覆土3～5厘米厚,覆土后土壤适当压实、平整。对卧排的菌棒,表面覆土可略薄一些,厚2～4厘米即可。也可在表面覆土完毕后,再用水将畦床浇透。浇水后,若个别地方的土被水冲进棒与棒之间隙中,上边要再用湿土补上。采用浇水覆土法(浇水后再覆盖表层土,或覆盖表层土后再浇水),可有效保持畦床中的水分。也可不浇水,即在用半湿的土壤填满菌棒间的空隙后,再覆盖半湿的土壤。至于采用哪一种方式,可视具体情况而定。在干旱地区(或季节)栽培时,宜采用浇水覆土法;而在潮湿地区(或季节)栽培时,则在覆土前后,可不必浇大水。覆土后,根据情况,畦床上可不加盖任何覆盖物(如在菇棚内、荫棚下等处),也可在畦床上盖薄膜、草帘等,或搭设塑料小拱棚。覆盖薄膜或搭设小拱棚等,更利于控温、控湿、控光、防雨。

采用第三种覆土方式时,可将去除薄膜后的菌棒压成块,块的大小应根据场地情况灵活掌握。一般的做法是,先将菌棒掰成块状,放入木模内压成厚7～10厘米的菌块,然后移放到床架上(每层床架的四周最好设置高10～12厘米的挡板)或畦床之中(畦深12～15厘米,其余规格同常规),菌块间距3～5厘米。压块后,覆盖薄膜或报纸,在温度20℃～26℃和空气相对湿度约80%的条件下培养。过3～5天,待菌丝愈合后,去除薄膜或报纸,在菌块的间隙处填满半湿的土壤,然后在整个菌块的表面再覆土2～3厘米厚(最好覆盖半湿的土壤),并喷水至土层湿透。其后的出菇管理如常规。此法的优点是,出菇时间、地点安排较灵活,出菇场地利用率最高,适宜集约化栽培,便于安排异地出菇,而且出菇整齐,在短时间内(约 70 天)可出菇 2～3 潮。此外,还可利用泡沫塑料箱、塑料筐、木板箱、纺织筐等为栽培容器,将菌棒放在其中,压成块,再覆土出菇。箱(筐)的大小以便于操作和搬动为原则,可采用 33 厘米(长)×33 厘米(宽)×12 厘米(高)的,也可采用 35 厘米(长)×50 厘米(宽)×15 厘米(高)等规格的。为便于叠放,每个栽培小区内的箱(筐)大小应力求一致。密封的箱(筐)底部应打些小孔,以防积水,若箱(筐)内四周及底部附有薄膜(也打细孔)。将脱袋后的菌棒掰成块状,放入箱(筐)内,用木板等分层压平实(菌块可紧密排布,不留间隙),厚 7～8 厘米(箱高 12 厘米的)或 10～12 厘米(箱高 15 厘米的),料面覆盖薄膜或报纸,将箱(筐)整齐叠在一起,过 3～5 天,待菌丝愈合后,在菌块上面覆土 2～3 厘米厚(最好覆盖半湿的土壤),再将箱(筐)交叉错开叠放。其后按常规进行出菇管理。此法具有室内、室外均可栽培,场地利用率高,可搬动,管理方便,高产,同时城市居民利用阳台也可栽培等特点。

　　虎奶菇的出菇特性与覆土的厚度有直接的关系。对于这点做一些说明:一般对同一个虎奶菇菌株来说,无论是畦床式直播栽培还是袋式发菌后栽培的,当覆土厚 2 厘米左右时,长出的子实体个头均匀但偏小,畦床式直播栽培,易出现丛生菇、聚生菇;袋式发菌后栽培,易出现大丛菇且易形成"拱桥"现象,由于营养、水分无法在短时间内满足过多的子实体生长需要,故使得菇丛内有若干小菇蕾死亡,采收后,把菇丛自身的"底盘"当作废料扔弃,白白浪费资源,并严重影响产量。但当覆土层厚达 5 厘米以上时,畦面上发生的子实体数量少,不形成丛生,但个头偏大,个体偏长,甚至弯曲变形,商品质量受到影响;尤其袋式发菌栽培时更是如此;越是发菌时间长,这种现象越发突出,如冬季发菌,覆土后长时间不能出菇,其能量得不到释放,待到春季后勃发而出,出菇整齐,个头粗大,产量较高。有鉴于此,建议覆土时,对覆土的厚度应灵活掌握。

**5. 覆土后的管理**

对于在料面覆土的菌袋,以及在菌棒的间隙及表面覆盖半湿土壤的畦床,或浇水后再覆土及覆土后未浇水的畦床,或采用菌块栽培的,覆土之后,在 2 天内分 3～5 次将土层用清水喷透(要喷雾状水)。同时,用水量不宜过大,使土粒全部湿透即可,这时的土壤含水量在 35％～40％。对覆土后再浇水的,开始几天可不喷水,当土壤表面发白干燥时,要及时适当喷水。以后,也要经常保持土壤呈湿润状态,以土粒捏扁不散为度,即土壤含水量在 35％～40％,不要让土壤太湿或结块。

覆土后,初期应加大温差刺激。将菇场夜间的温度要保持15℃以上,白天的温度在 20℃～26℃,使昼温差在 5℃以上,以加速菇蕾的形成。保持空气相对湿度 70％～85％。在原基没有出土前,可以暗光培养。适当通风换气,保证菇场空气新鲜,一般每天通风 30～60 分钟即可。通常在覆土后的 15～20 天,即有大量幼蕾破土而出。

其后,可参照上法中的"出菇期管理"的相关内容实施管理。

从现蕾到子实体达到六至八成熟,一般需 7 天左右,但因受出菇温度的影响,子实体的生育期会有相应缩短或延长。当子实体达到采收标准,就要及时采收。采后清理料面,挖去残留在覆土中的切根,并填补新土。菌袋直接覆土出菇的,若培养料已松塌,可将菌袋提起轻轻压实,使菌丝互相连接。同时,停止喷水,覆膜养菌 3～5 天。然后喷重水,并采取温差刺激等管理措施。这样,再过 10～15 天,可采收第二潮菇。

菌袋直接覆土出菇的,采收头潮菇后,可将菌袋换向开口覆土出菇。两头采收后,可脱袋将菌棒从中间切成两半,切面向上摆成菌床,床面覆土 2～3 厘米,喷水润湿覆土,按常规管理出菇。脱袋畦床覆土出菇的,采收第二潮菇后,可将竖立排放的菌棒底朝上换向排放,也可将横排菌棒换个面(倒个面)排入,继续覆土出菇。

整个生长期,一般可采收 3～5 潮菇,每潮菇间隔 12～20 天。总生物学效率在 15% 左右,甚至更高。每潮菇采收后,要及时更新覆土和变换出菇面,这是高产的关键。

从第二潮菇开始,培养料中的养分(包括水分)已大大减少,故第三潮及第四潮菇的菇体较小,产质量明显下降。这时,还可通过及时对菌袋(棒、块)补充水分或营养液,来达到更好的增产效果。有条件的最好补施营养液,其增产效果更为显著。

对采用第一种覆土出菇方式的菌袋,可应用压力式补水法(又叫注水法)或浸水法,对菌袋补充水分(或营养液)。一般在菌袋菌丝恢复后,为补水(或营养液)的最佳时期。常用的营养液配方,可参照有关内容。压力式补水法:就是用补水器(或补水针)对菌袋进行补水(或营养液)。大规模栽培时,可采用多头补水器。以四头补水器为例,其由五通分水管、4 根小塑料管、塑料接头、4 根补水针等组成。其使用方法:选择较长的塑料管,一头连接在五通分水管的进水口,另一头连接水泵龙头或自来水,自购 4 只农用喷雾器的开关,将其连接在 4 根补水针与另外 4 根小塑料管之间,打开水泵龙头或自来水,将补水针垂直插入菌袋,水就会从补水针的洞眼内喷出,均匀地压进菌袋中。一般每袋需要扎 3 个孔左右。菌袋补水(或营养液)后的重量,以达到菌袋原重(即初装袋时的重量)的 95% 左右为宜。当菌袋达到含水标准后,再将补水针插入另一个菌袋。1 人可控制 2 只补水针,2 人同时操作,每小时可补 1 000 袋左右。补水结束后,打开门窗通风,沥干菌袋表面水分,即可摆袋(或脱袋)覆土。无条件地方,也可在菇场设一个高约 2 米的铁桶水塔,接上数根小塑料管,每根小管头上接 1 个补水针进行补水。小规模生产时,还可用补水针和喷雾器组合进行补水。补水针就是前述补水器的组件之一,其一头呈注射用的针头状,管身洞眼分布均匀,有利于水分从这里输出;补水针的另一头固定螺帽,可和农用喷雾器的龙头开关配套连接。小规模种植户可直接利用喷雾器 2 人配合操作,1 人专门操作喷雾器的加压杆,使其产生压力,另 1 人负责将补水针插入袋内进行补水,每小时可补 100 袋左右。

浸水法一般有以下几种方式:一是用 1.2 毫米(8#)铁丝在菌筒两端各打 2～4 个孔,孔深约为菌筒长度的 1/2,然后根据菌筒失水的多少,将菌袋一层一层叠满浸水沟(池),细袋卧式叠放,圆块菌袋则立式叠放。一般失水多的放在下层,失水少的放在上层,用木板压紧上层菌袋,并用石块固定,不让菌袋浮起。然后,灌进清水或将配制的营养液倒入,直至淹没菌袋为止。菌袋浸水后所要达到的质量标准如上所述。浸水合格后,捞起菌袋,沥干其表层的水分,即可摆袋(或脱袋)覆土;二是用 1.2 毫米(8#)铁丝在菌筒的中央,沿菌筒的周围均匀地打 2～4 个孔,孔深约为菌筒直径的 1/2,其后的方法同上;三是用 1.2 毫米(8#)铁丝在菌筒的一端打 2～4 个孔,孔深为菌筒长度的 2/3～3/4,然后在袋内灌满水,12～24 小时后,将剩余水倒出。

鉴别菌筒补水(或营养液)是否充分,除上述的重量检验法之外,还有一法,即用刀将菌袋切开(细袋横断切开,圆块菌袋则沿菌块的圆柱方向竖向切开),看其吸水颜色是否一致,未吸透的部分,颜色相对偏白。

对采用第二种及第三种覆土出菇方式的菌棒(块),则可采用对畦床浇灌水(或营养液的)方式,来补充水分(或营养)。浇灌量要以不使菌棒(块)漂浮起来为宜。

上述各种补水(或营养液)方法,在整个出菇周期,只需从中选择一法,采用一次即可。其后的管理同常规。另外,也可按照本章中所讲的喷施营养液的方法,补施营养液和水分。还有点需要提醒的是:在采用以上各种补水(或营养液)方法时,一般情况下,水温应该低于菌袋(棒、块)的温度。

通过补水(或营养液),可使第三潮及其以后各潮菇均较常规增产 20%以上,且菇质也大大提高。

## (四)太阳能温室高产栽培法

太阳能温室又叫太阳能温床、太阳能暖棚等,是近年来兴起的一项新技术。采用这项技术,即使在严冬,室外气温达-8℃时,温室内的温度仍可达 21℃左右;遇有寒流时,气温降到-13℃,温室内仍有 18℃左右,还可以照常出菇,而且不需要人为加温。既节省了燃料,又补充了淡季供应,从而可使效益倍增。

### 1. 温室建造

太阳能温室与一般塑料棚或阳畦的不同点,是增设了太阳能集热坑,通过地下输热管道为温室提供热源。这样,再加上温室顶部的塑料棚也能吸收太阳辐射热,因此产生了良好的升温保温效果。

建造时,应选择背风向阳、南侧无遮阳物的地块建室。挖一东西长 9~12 米、南北宽 2 米的阳畦,太阳能集热坑设在阳畦的东侧或西侧 2 米处,以防止阳光被遮挡。

太阳能集热坑为圆形,上口直径为 3 米,深 1.3 米,坑底挖成锅底形。用三七灰土掺入 5%~10%烟熏土拍平夯实,厚度为 6厘米。坑上用竹片或直径 6 毫米的粗钢筋制成半球形穿架,再用 10 号铁丝网上横环做骨架,骨架上面铺无色透明塑料薄膜,膜外用 10 厘米×10 厘米网眼尼龙网罩,并加以固定。

集热坑与温室用地下输热道相连。温室床畦下面建有迂回输热道。输热道上面铺放一层秸秆或树皮,再铺 6 厘米厚麦秸、稻草、木屑等,最上面铺薄膜,然后,即可铺料播种;或者将发好菌的菌袋脱袋(或不脱袋)覆土出菇。当然,也可以在温室内先摆放菌袋发菌,发好菌后再脱袋(或不脱袋)覆土出菇。

在温室另一端设排气筒,内径 12 厘米×12 厘米,高为 2 米。热气经输热道,最后由排气筒抽掉,新的热气又从集热坑补充,进行循环供热。如遇阴天或雨雪天气,用草帘覆盖温室塑料顶,关闭排气囱,封闭集热坑进气孔,利用余热仍可保温 5~6 天。

温室的土墙可用土打垒或泥垛墙,墙高 50 厘米,用竹片做拱架,上罩双层蓝色农用薄膜,以增强吸热保温效果。在东、西墙上各留 1 个 40 厘米×20 厘米大小的通气孔,以定时开启换气。也可在温室的东西两端(或任意一端),各开一扇门(或只开一扇门),作进出通道,门口挂厚门帘,以利于保温。在墙上留门时,同样要在东西墙上(或门上)各留 1 个 40 厘米×20 厘米大小的通气孔。另外,还需在薄膜拱顶的两侧开设几个 40 厘米×20 厘米大小的小窗,以便于喷水管理以及观察等。虽说太阳能温室升温保温效果卓著,但为了保证生产,最好能为连续多天无太阳的低温天气准备一些辅助加热设备,以构成双保险。

### 2. 栽培管理

可用棉籽壳或农作物秸秆等作为培养料,熟料、发酵料或生料栽培均可,管理如常规。如措施得当,可连采 2~3 潮菇,生物学效率在 100%以上。

### 3. 效益分析

太阳能温室的应用,使得在严寒的冬季也能生产虎奶菇,这对于我国冬季气候寒冷的北方地区,无疑是极其有利的。据实践,一个长 12 米、宽 2 米的太阳能温室,用阳畦栽培,一次投料 700 千克,可产鲜菇 700 千克以上。因在蔬菜供应淡季,售价较高,仅以 20 元/千克计算,收入就达 14 000 元以上。而温室建造费用仅 200 元左右,并可重复使用,真可谓本小利大,极有发展前途。另外,太阳能温室还可用于其他食用菌及蔬菜等的栽培。

## (五)春季电热阳畦高产栽培法

春季栽培虎奶菇,棉籽壳货源充足,且因处在蔬菜供应淡季,时间越提前,虎奶菇售价越高。只是前期温度较低,菌丝发育慢,常因为生产时间拖后而影响收益。这时,如采用电热升温法来提高料温,加快发菌速度,则能提早产菇,增加菇潮和总产量。虽然要购置设备和耗电,但总收入比普通阳畦要高得多。扣除设备投资和电耗,纯收入可增加 50%以上。

### 1. 配制培养料

可选用本章介绍的以棉籽壳为主料的配方,当然也可选用其他配方。既可用发酵料栽培,也可用生料栽培。若用生料栽培,在拌料前,需将棉籽壳等主料暴晒 2~4 天,以更有效地杀死料中所含的杂菌和虫卵等,然后再将处理过的棉籽壳等主料和其他组分加水拌匀,使含水量在 65%左右,pH 值自然或 7~8。

### 2. 做畦、布线、播种

一般于 2 月底至 3 月初播种。播种之前,先要挖建好畦床。宜选背风向阳、排灌方便的地块做畦。畦深 35 厘米,上口宽 1.1米,底宽 1.05 米,长 12 米。畦床做好后,即可布线、播种。首先顺畦长的方向,在畦中间竖排一排单层红砖(砖墙高 24 厘米,宽 6 厘米,在畦的一头留出 10 厘米空隙,以方便布线),把畦分隔成两条。先在畦底及畦床四周撒生石灰粉消毒,然后在畦底铺料 4 厘米厚,再布电热线,线长 100 米,功率 800 瓦。线在畦中(顺畦长方向)往返 8 道,中间线距 11 厘米,边行线距 8 厘米,每平方米平均功率67 瓦。电热线布好后,再把料铺在线上,擀平压紧,每平方米总铺料 20 千克左右（折干重）。采用穴播法，每 100 千克原料（折干重），用 8 千克菌种穴播，再将 2 千克菌种均匀撒在料面上。总用种量为干料重的 10% 左右。播完后压紧，使菌种与培养料紧紧相接，便于发菌。然后覆一层 2 厘米厚的经过消毒处理的半湿的营养土（含水量在 20%～25%），覆土上盖薄膜。最后架小拱棚，保温、保湿。

**3. 电加热管理**

将露在畦外的电热线两头接上控温仪和电度表，于播种后的第二天通电加温，把控温仪指针拨在 25℃ 处。在料深 5 厘米处插温度计，观测温度变化。一般通电 2～3 天后，温度可升到 18℃ 以上，10～20 天升到 25℃。经过 28～38 天，菌丝可发满培养料，这时停止加温，按常规管理出菇。采用此法，可提早 15～20 天出菇，有效地增加了产量提高了经济效益。

# （六）双拱棚反季节高产栽培法

双拱棚（即中型塑料拱棚套小拱棚）畦栽模式，是一套反季节高效益的栽培模式。由于良好的增温、保温效果，从 8 月到翌年 6 月（包括整个冬季）均能正常出菇，产量及效益非常可观。其栽培技术要点如下。

**1. 菌种制作**

选用高产、抗杂能力强的鸡腿菇菌株，于 6 月中旬扩管，可用常规 PDA 加富培养基接种，置 25℃ 左右培养，一般 10～15 天菌丝长满斜面。7 月上旬制原种，培养基配方均如前述，接种后置 25℃ 左右培养，待菌丝长过瓶肩后，可将瓶口倒立培养，一般 20～30 天菌丝即可长满瓶。7 月下旬至 8 月上旬制栽培种，培养基配方及制作方法均如前述,接种后在 25℃左右培养,一般 20～30 天菌丝就可长满袋。在原种和栽培种培菌过程中,要注意通风换气。

**2. 培养料堆制**

培养料堆制发酵的时间,可在 8 月下旬至 9 月上旬。培养料配方及具体发酵方法,可参照上述相关内容。

**3. 做畦搭棚**

可选宽 4 米、长约 20 米的地块做畦,并排开 2 条深 20 厘米、宽 1.25 米、长 20 米的畦沟,两畦中间留 1 米宽的作业道。畦底整平后浇水,喷洒杀菌剂和杀虫剂于畦底及四周杀菌杀虫,畦底及四周再撒一层生石灰粉。畦床做好后,在并排两畦的上面,搭一长 4 米、宽 1.6 米的中型拱棚。此时,由于温度尚高,拱棚不应上塑料膜,可先用遮阳度 70％～90％的遮阳网覆盖,用来遮光降温。待 11 月上旬左右,再去网盖膜。

**4. 播种发菌**

一般于 8 月底至 9 月上旬播种。采用层播法,每层铺料 5 厘米,先在畦底铺一层料,拍平实后,均匀撒一层菌种,用种量为总量的 25％;然后,铺第二层料,拍平实后,撒一层菌种,用种量为总量的 25％;最后铺第三层料,撒一层菌种,用种量为总量的 50％,同时均匀撒一层约 2 厘米厚的料,拍平后,盖膜保温发菌,膜上可加盖草帘、杂草等遮光。发菌期,每隔 2～3 天要抖动塑料膜通风换气,若中午温度过高,可向草帘或杂草喷水降温。也可用铁丝或竹棍在料面上打孔通气。一般 20 天左右,菌丝可布满料面。

**5. 覆土和搭小拱棚**

可选用肥沃的沙质壤土等作为覆土材料,土壤含水量以手握成团、落地即散为宜。然后,在发满菌丝的畦床上,均匀铺上 3 厘米左右。覆土之后,一般要立即搭建小拱棚。方法是:在畦上每隔40～50 厘米,用竹竿或木条做拱,用细绳连在一起有加固作用,盖上内膜和草帘。覆土后大约 15 天,土面即可布满絮状菌丝,一般20 天左右,土面就可出现成丛菇蕾。在温度高时,小拱棚只用内膜,外盖草帘;11 月上旬气温降至 10℃～15℃时,结合中型拱棚去网上膜的同时,再在小拱棚的外面加盖一层塑料膜。这样,冬季就可达到三层膜,中型拱棚有增湿、防风作用,小拱棚外膜有增温保温作用,草帘有保温遮光作用,内膜有保温防风作用。

### 6. 出菇管理

出菇期,小拱棚内温度应控制在 20℃～28℃,空气相对湿度为 80%～90%。若湿度过高,可稍通风降湿,但应注意小拱棚内应蓄积一定浓度的二氧化碳,这样长出的菇柄粗壮,盖小,鲜菇易于存放。若湿度过小时,可向小拱棚内喷雾状水。一般 10 月中旬可出第一潮菇。每采一潮菇,应把土面补平,结合补水,可喷营养液补充营养。由于有中型拱棚和小拱棚的作用,一般小拱棚内温度要高于外界温度 10℃～15℃,年前可采收到 12 月上旬,能出 3潮;年后温度高时,可换遮阳网,一直可采到 5 月上旬。生物学效率一般可达 80%～100%,每平方米效益可达 200～300 元。

# 六、虎奶菇病虫害防治技术

虎奶菇和其他食用菌一样,随着栽培面积的不断扩大,病虫害也逐渐加重。在整个生产过程中,多种病虫害通过制种、栽培的各个环节对虎奶菇造成危害,轻者减产,重者绝收。因此,掌握其发生规律和有效的防治方法,对虎奶菇的规范化栽培意义重大。

## (一)病害类型与综合防治措施

在整个生产过程中,由于遭到某种不适宜的环境条件影响,或者其他生物的侵染,致使菌丝体或菇体的正常生长发育受到干扰,在生理上和形态上产生一系列不正常的变化,从而降低其产量和品质,这就是食用菌的病害。随着病害的发生和发展,危害逐渐加大。因此,病害的发生往往有一个过程。

### 1. 病害类型

病害的发生有其直接的原因。根据是否有病原生物侵染而将病害分为不同的两种类型:侵染性病害和非侵染性病害。侵染性病害是由病原生物侵害所引起的。引起这一类病害的病原生物有真菌、细菌、线虫、病毒、类菌质体等。根据病原生物的危害方式,侵染性病害又分为:寄生性病害、竞争性病害(杂菌)和寄生性兼竞争性病害。

**(1)寄生性病害** 此类病害的特征是病原生物直接从菌丝体或子实体内吸收养分,使其正常生长发育受到干扰,从而降低产量和影响品质；或者分泌对菌丝体或子实体有害的毒素。

(2)竞争性病害　这类病菌一般生长在培养料(基)上，或生长在有损伤的、死亡的菌丝体和菇体上。它的生长主要靠吸收培养料(基)的养分，与菌丝体和菇体争夺营养和生存空间，导致产量和品质下降。

(3)寄生性兼竞争性病害　这类病原生物既能在培养料(基)上吸收营养和抢占地盘，又能直接从菌丝体或子实体内吸取养分。

根据病原生物的分类，病害又分为真菌性病害、细菌性病害、线虫性病害、病毒性病害和黏菌病害等。在虎奶菇生产上危害最严重的主要是竞争性杂菌(包括大多数真菌和细菌)。如绿色木霉、毛霉、根霉、曲霉、链孢霉、细菌等。

**2. 综合防治措施**

虎奶菇的病虫害防治，是指尽可能采用农业、生物、物理、生态等为主体的综合防治措施，把有害的生物群体控制在最低的发生状态，辅以允许使用的化学药物防治技术，达到虎奶菇产品无公害的目的。

(1)选育抗逆性强菌株　优良的菌株具有菌种纯度高、健壮、生长速度快、适应性强、产量高、质量好等优良性状，能有效减轻病虫的危害。

(2)净化生产环境　净化生产环境是有效防治病虫害的重要手段之一，是其他防治措施获得成功的基础。菌种场、栽培场要经常保持清洁卫生，及时清理废弃物，定期进行消毒灭菌，减少病菌和害虫的生长场所，创造一个良好的适宜虎奶菇生长而不适宜病虫发生和繁殖的环境条件。

(3)合理安排季节　虎奶菇菌株较多，适宜的生长温度差异较大，在生产中，要根据当地的气候安排适宜的品种。一般来说，气温高时,病虫害发生严重,可考虑避开此时培菌和出菇高峰。

**(4)严格各项生产规程** 科学合理配料,选用优质、无霉变、无掺假的原料,拌料均匀,含水量适中;培养料灭菌彻底。熟料袋栽,装袋后应及时灭菌,并达到100℃保持16～20小时;发酵料栽培,则需培养料发酵均匀一致,高标准要求;严格接种操作规程,熟料袋栽,接种严格按无菌操作;发酵料栽培,在播种前需抖散培养料,散发废气;科学进行养菌和出菇管理。

**(5)物理防治措施** 菇房安装纱门、纱窗、覆盖防虫网、挖水沟、撒生石灰等,起到隔离保护的作用;利用某些害虫的趋光性、趋化性,对其进行诱杀。另外,采用人工捕捉,对某些害虫也是一种有效的物理防治办法。

**(6)利用有益生物** 以虫治虫、以菌治虫、以菌治菌等,这种生物防治措施,对人、畜安全,不污染环境,但见效慢,达不到立即控制危害的目的,还有待研究。

**(7)生物农药防治** 目前,国内外上市的生物农药主要有:生物杀虫剂——阿维菌素;抗生素杀菌剂——武夷菌素、农抗120、中生菌素、多抗灵;细菌农药——苏云金杆菌、青虫菌;真菌农药——白僵菌、绿僵菌等。

**(8)化学防治** 化学农药防治病虫害,要求合理选用农药、安全使用农药、提高农药使用的技术水平。根据《农药合理使用准则》的要求严格执行,确保虎奶菇产品的无公害和环境的无公害。

# (二)侵染性病害及防治技术

## 1. 木 霉

木霉又名绿霉,是竞争性杂菌之一。

**(1)形态特征** 见图 6-1。发生初期培养料上长出白色、纤细的菌丝,逐渐菌丝变浓呈灰白色绒状小点(或小斑),随后在病斑中央出现淡绿色的粉状霉层,这是形成大量分生孢子的表现。随着霉层由淡绿色转为深绿色,范围迅速扩大,取代了白色菌丝层,并向培养料深层发展。

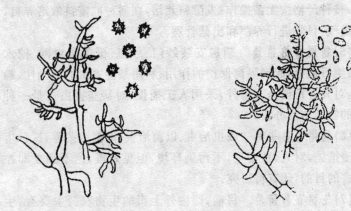

**图 6-1　木霉形态特征**

1. 绿色木霉　2. 康氏木霉

**(2)危害症状** 本病在生产上又叫绿霉病,是虎奶菇生产过程中的重要杂菌。常发生在菌种培养基。播种后的菌袋、菇床等发霉变绿,使菌丝不能萌发定植,或使已萌发定植后的菌丝生长不正常直至死亡。绿霉菌的危害主要是寄生、分泌毒素,其次是与菌丝体进行营养物质和水分的掠夺。由于其具有适应性强,生长速度快,分解纤维素和木质素能力强,抗药性较强等特点,一旦发生蔓延就不易处理。可导致没有发好菌的菌袋、菇床菌丝不能生长,已发好菌的菌袋、菇床不能形成子实体,或已形成的子实体基部发病,引起腐烂。

**(3)发病条件** 绿霉菌平时以腐生的方式生活在有机物质或

土壤中,形成的分生孢子(聚集成堆的绿色霉层)随空气到处飘浮,一旦落到有机物质上,在适宜其生长的温、湿度和酸碱度的条件下迅速繁殖生长。虎奶菇的菌种培养基和栽培料是其生长的良好条件,特别是麦麸或米糠的添加量较多时更有利于其生长。绿霉菌对温度适应范围广,几乎虎奶菇菌丝生长的适温范围均适合其生长,但以高温、高湿和基质偏酸性的条件下生长繁殖最快。

(4)**防治措施** 保持场所及周围的干净卫生,净化接种、培菌、栽培环境,清除污染源;选用无霉变、无结块、无虫蛀的优质原材料,科学合理配料;选用优质的菌种。在制种时灭菌要彻底,接种要严格按照无菌操作规程,确保菌种纯正、无污染和生命力旺盛;操作过程科学规范。轻拿轻放,避免菌袋的人为破损;偏高温季节栽培时,接种选在后半夜和清晨;培菌期间注意培菌场地的通风,气温偏高时,注意菌袋的疏散;生料栽培和发酵料栽培,宜选择在气温 26℃ 以下的季节,并在培养料中添加0.1%的多菌灵或甲基硫菌灵;菌床或菌袋表面局部发生木霉时,应先用 0.2%多菌灵溶液浸泡过的湿布盖住,剔除污染部分,再用多菌灵或甲基硫菌灵 100～200 倍液涂抹;大面积发生,应及时清理,深埋或烧毁。

**2. 链孢霉**

链孢霉又叫好嗜脉孢霉或红粉菌,有的地方叫红色面包霉菌。这是一种对菌种生产和栽培威胁很大的杂菌。

(1)**形态特征** 见图 6-2。

(2)**危害症状** 培养基或培养料受链孢霉菌污染后,其菌落先为灰白色、疏松棉絮状的气生菌丝,随后很快占满基质表面空间,并大量形成链状串生的分生孢子,使菌落呈淡红色粉状。特别是在棉塞受潮或菌袋有破孔口,可长出呈球状的、橘子状的红色分生

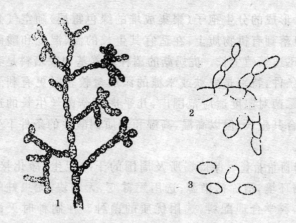

图6-2　链孢霉形态特征
1. 孢子梗分枝　2. 分生孢子穗　3. 孢子

孢子团。此红色霉团稍微触动或震动,其分生孢子就像撒粉一样
扩散,也可通过空气流动而迅速蔓延。

　　**(3)发病条件**　该病菌在自然界中分布很广。空气中到处都
有链孢霉菌的分生孢子,农作物秸秆、土壤、淀粉类食品、废料上也
大量存在,均可通过气流和劳作等多种途径沉降到有机物表面后
很快萌发生长。其传播容易、生活能力强并能重复交叉感染。在
高温、高湿条件下生长速度极快,最适宜生活条件为温度28℃以
上,培养料含水量55%～70%,空气相对湿度80%～95%。链孢
霉为好气性真菌,氧气充足时,分生孢子形成更快,污染培养基或
培养料后,很快就能在料面形成橘红色的霉层,如霉层出现在瓶或
袋内,则能通过潮湿的瓶塞或袋子的袋口(破口)形成橘子状的红
色球团,稍有震动即可扩散蔓延而造成更大的危害。每年的6～9
月份是链孢霉菌的高发季节,发生严重时,在2～3天内可迅速污
染整个生产场地,给生产者造成严重的经济损失。

　　**(4)防治措施**　搞好菌种生产场地和栽培场地的环境卫生,废弃的培养基或培养料应及时清除,不能让链孢霉滋生和传播;栽培季节尽量避开夏季的高温、高湿期;确保消毒灭菌的彻底,尽量避免菌袋的破损和封口材料的受潮;严格控制污染源,净化接种、培菌环境,遵守无菌操作规程;抓好培菌场所的通风、降温、降湿工作,可在菌袋上和生产场所地面撒上一层干石灰粉;定期检查,及时处理。一旦发现应及时用湿布包好后拿离现场,作烧毁或深埋处理,防止其分生孢子的迅速扩散,形成再次侵染。

### 3. 毛 霉

危害虎奶菇的毛霉有高大毛霉和总状毛霉。

**(1)形态特征** 见图6-3。

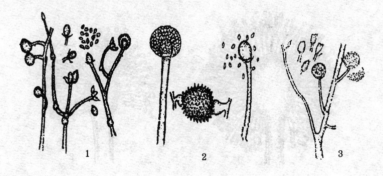

**图6-3 毛霉形态特征**
1. 总状毛霉 2. 高大毛霉 3. 刺状毛霉

**(2)危害症状** 毛霉菌污染的培养基或培养料,初期长出灰白色粗壮稀疏的菌丝,其生长速度明显快于虎奶菇菌丝的生长速度。后期,气生菌丝顶端形成许多圆形小颗粒状,初为黄白色后变为黑色。根霉菌污染的培养基或培养料,是在基质表面匍匐生长菌丝,后期形成许多圆球形的小颗粒,由灰白色转变为黑色。因此,其明显特征是霉层为黑色颗粒的集聚。

**(3)发病条件** 毛霉和根霉的适应性强,平常生活在各种有机物质上,在孢子囊中的孢囊孢子成熟后可在空气中飘浮移动,沉降到有机物质表面后,只要温度和湿度适宜,很快就可萌发长出菌丝。高温高湿是毛霉和根霉迅速生长的有利条件。

**(4)防治措施** 采取预防为主的原则,培养料含水量适中,不宜过大,接种严格消毒,并进行无菌操作,保持培菌场地的通风降温。参见绿色木霉的防治方法。

**4. 曲 霉**

危害虎奶菇常见的曲霉有黄曲霉和黑曲霉。

**(1)形态特征** 见图6-4。

**图 6-4 曲霉形态特征**
1. 黑曲霉  2. 黄曲霉

**(2)危害症状** 黄曲霉的菌落初为黄色,后逐渐变为黄绿色直至褐绿色。黑曲霉的菌落刚发生时为灰白色绒状,很快变为黑色。受曲霉菌污染的培养基或培养料,很快长出黑色或黄绿色的颗粒状霉层。

**(3)发病条件** 曲霉菌广泛分布于土壤、空气中的各种有机物质上,适宜的温度为20℃以上,空气相对湿度为65%以上,适宜的酸碱度为中性略偏碱性。曲霉是虎奶菇生产中常见的一种杂菌，发生的主要原因是培养基或培养料结块、发霉变质、灭菌不彻底、生产场地不卫生以及在栽培过程中的高温、高湿、通风不良等。曲霉菌在自然界中，几乎一切有机物上都能生长，其产生的孢子飘浮在空气中，通过空气的流动而广泛传播，沉降到有机物上后，只要温度、湿度条件适宜，即可迅速萌发生长，再次成为侵染源。另外，也可通过接触过病菌的材料、工具、人员等进行再侵染。受曲霉污染的培养基或培养料，虎奶菇菌丝难以继续生长。曲霉还能分泌毒素对人体健康造成危害。

**（4）防治措施** 预防黄曲霉和黑曲霉的有效措施与绿色木霉防治方法基本一致。需要特别注意：不用发霉变质的米糠、麦麸、豆饼粉、棉籽粕粉等高蛋白的基质辅料；确保灭菌消毒彻底并严格操作规程；培养基或培养料中拌入 0.1% 的甲基硫菌灵或多菌灵。

**5. 鬼 伞**

鬼伞菌常发生在虎奶菇生料栽培或发酵料栽培的菇床上或料袋中。主要有墨汁鬼伞、毛头鬼伞、长根鬼伞等。

**（1）形态特征** 见图 6-5。

**（2）危害症状** 鬼伞菌发生在菇床上或袋料中，首先生长出白色粗壮的菌丝，随后生成白色的突出的子实体（鬼伞）。鬼伞生长很快，从子实体形成到自溶成为黑色黏液团，只需要 24～48 小时。鬼伞菌发生在菌袋的中部，则可在菌袋

图 6-5 鬼伞形态特征

和菌料之间的空隙处长出子实体(鬼伞),并在袋内腐烂。其危害主要是与虎奶菇争夺培养料中的营养物质和水分,影响产量,严重时可造成惨重的损失。

(3)发病条件　鬼伞菌多发生在培养料腐熟不均匀、湿度过大,菇场通风不良,料内废气散发不彻底等情况下,培养料中速效氮含量高、温度在28℃以上、含水量偏大时,有利于鬼伞菌孢子的萌发、菌丝的生长和其子实体的发育。因为鬼伞菌生长迅速,周期短,可以持续不断地发生和生长,从而大量消耗培养料内的养分,导致减产。鬼伞菌的子实体在自溶之前,即可散发出大量的孢子,借孢子进行气流传播。孢子在培养料中萌发生长成菌丝,迅速长出鬼伞。

(4)防治措施　鬼伞菌多发生在发酵料袋栽和床栽中,为此发酵料栽培时,一定要堆制好培养料,提高堆温、降低氨气等废气含量,防止培养料过生、过湿,造成不适宜鬼伞菌发生和生长的条件;培养料在堆制时,若已经发生鬼伞,则应注意将产生鬼伞的料翻入中间料温高的部位发酵,再进行后发酵处理,杀死鬼伞菌丝和孢子。在上床或装袋之前,将堆料充分摊开,使料内氨气等废气得以散发;生产中少量发生鬼伞以后,应在子实体刚长出小白头时摘除,以免成熟后孢子扩散;对严重发生过鬼伞危害的场地,在栽培结束后,应认真冲洗,严格消毒处理。

### 6. 细　菌

细菌是一大类营养体不具丝状菌丝结构的单细胞形态的微生物,最常见的有芽孢杆菌、黄单孢杆菌、假单孢杆菌和欧氏杆菌,它在自然界中广泛分布,在菌种生产和栽培中经常发生。

(1)形态特征　见图6-6。细菌的菌体呈杆状或球形,大小为0.4～0.5微米×1～1.7微米,一端或两端具有一条或多条鞭毛,革兰氏染色为阴性反应。

**（2）危害症状** 细菌污染多发生在菌种生产和栽培料上。马铃薯、琼脂、葡萄糖的斜面母种培养基受细菌污染时，表面呈潮湿状，有的有明显的菌落，有的呈糊糊状。特别是麦粒、谷粒等制作菌种受细菌污染后，菌种瓶（袋）壁上有明显的黏稠状细菌液。栽培过程中培养料受细菌污染，同样有上述现象。培养料受细菌污染，还会散发出腐烂的臭味，使菌丝生长不良或不能生长。

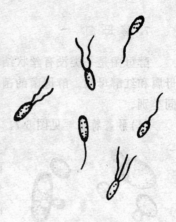

图 6-6　细菌形态

**（3）发病条件** 细菌来源广泛，空气中飘浮有细菌、土壤和水中含有细菌，各种有机物质上也带有细菌。上述细菌中，芽孢杆菌在菌体内可形成一种称作芽孢的内生孢子，它的抵抗力极强，尤其是对高温的抵抗力。一般病原细菌的致死温度为 48℃～53℃，有些耐高温细菌的致死温度最高也不超过 70℃，而要杀死细菌的芽孢，一般要 120℃左右的高压蒸汽处理。因此，消毒灭菌时冷空气没有排除干净或压力不足，或保压、保温时间不够，是造成细菌污染的重要原因。此外，接种过程中未按无菌操作规程，或菌种本身带有细菌，都是引起细菌污染的原因。培养基或培养料含水量偏重，气温或料温偏高也有利于污染细菌的生长。

**（4）防治措施** 选用的原料新鲜无霉变，消毒灭菌彻底，并严格遵守无菌操作规程；控制培养料的含水量不能过高，并保证培菌场地温度和料温不偏高；选用纯正、无污染的菌种；在配制培养料时拌入每毫升含 100～200 单位的抗生素（如农用链霉素）可抑制细菌生长；用漂白精或漂白粉液对菇房、床架等场所进行消毒处理，浓度为含有效氯 0.03%～0.05%。

**7. 酵 母 菌**

酵母菌是一类没有丝状结构的单细胞真菌,常见酵母菌有酵母属和红酵母属。酵母菌的菌落有光泽,颜色有红、黄、乳白等不同类别。

**(1)形态特征** 见图6-7。

**图6-7 酵母菌形态特征**

**(2)危害症状** 培养料受酵母菌污染后,极易大量繁殖,引起发酸变质,散发出酒酸气味。不同种类的酵母菌生长时形成的菌落颜色和形状各有不同,但其共同的特点是没有绒状或棉絮状的气生菌丝,只形成浆糊状或胶质状的菌落。

**(3)发病条件** 酵母菌是一类广泛分布于自然界中,最主要是存在于含糖分高又带酸性环境的有机物质上,如霉变的麦麸、米糠、菇体等。菌种生产过程中,由于消毒灭菌不彻底,特别是间歇灭菌在料温降不下来的高温、高湿条件下,有利于培养料内未被杀死的酵母菌萌发和大量繁殖,造成培养料发酵变酸变质。在栽培过程中,由于气温偏高,培养料含水量偏重,铺料过厚或装料过紧,也易引起栽培料发酵变酸变质。

**(4)防治措施** 选用新鲜优质的不霉变的原料,装料不能过多过紧,料袋的规格不宜过大;装锅灭菌时,瓶或袋之间应保持有一定的空隙,以便热蒸汽流通。不宜采用常压间隙灭菌,而宜采用高压灭菌或一次性灭菌,并保持100℃在8小时以上;接种过程严格进行无菌操作;控制培养料适宜的含水量;栽培生产配料中,可按干重加入0.1%的50%多菌灵可湿粉剂或0.05%～0.07%的

70%甲基硫菌灵拌料;在拌料或堆制时,发现培养料温度过高,并有酒酸气味时,可以适当添加石灰粉,并摊开培养料。

# (三)生理性病害及防治技术

在虎奶菇的生产过程中,除了受病原微生物的侵染不能正常生长发育外,还会遇到某些不良的环境因子和人为因素的影响造成生长发育的生理性障碍,产生不正常现象,导致产量低、品质差。这属于生理性病害,其主要表现在畸形菇、菌丝徒长等方面。

## 1. 菌丝徒长

菌丝徒长表现为菌床或菌袋料面,菌丝生长过盛,向空中长出浓白密集的大量气生菌丝,倒伏后则形成一层致密的不透水、不透气的菌被,推迟出菇或出菇稀少。菌丝徒长的原因,多为湿度大、通风不良;或培养料配方不合理,碳、氮营养比失调;也有的因麦粒、谷粒或玉米粒制作的栽培种,也极易引起菇床或菌袋表面出现菌丝徒长,形成一层致密的不透水、不透气的菌被。

避免菌丝徒长,需要科学合理搭配各种原料,不使用麦粒、谷粒等制作栽培种;在养菌和催蕾阶段,加强通风换气;出现菌丝徒长形成了菌被,可将菌被划破,然后喷重水,加大通风,促使出菇。

## 2. 菇体畸形

常见的畸形有菜花形、珊瑚形、长柄小盖形、光杆形等。

(1)菜花形 表现为子实体原基形成后,不能进一步分化形成幼菇,更不能分化形成菌盖,成丛的原基不断生长增大,小柄分权不断增多,完全不分化成菌盖或只形成很小的球状小菌盖,致使整个丛簇状的原基不断长大形成菜花似的半球状原基团，完全没有正常虎奶菇子实体的形态。这种病态原基团，大的直径可达 20 厘米，重量可达 2 千克以上。发生的主要原因是二氧化碳气体浓度过大和相对湿度过高；大多发生在人防地道、地下室栽培场地，也可发生在未及时进行通风换气的室内外场所；需要特别注意的是：床式栽培开始出现少量原基时，应及时揭膜或通风后将膜拱起。

**(2) 珊瑚形**　此病表现为子实体原基形成后，长出较长而粗的菌柄，但菌柄端部不分化成菌盖，而是继续长出多根较小分杈状的菌柄，结果形成珊瑚形状的畸形菇体。原因主要是二氧化碳浓度过高和光照太弱。防治方法：当原基开始形成以后，每天必须保持 2 次以上的通风换气；每天保证出菇场地 3～5 小时的光照时间。当发现有珊瑚状畸形菇，应及时采摘掉，并满足其通风换气及光照要求。

**(3) 长柄小盖形**　这种畸形病发生较普遍。正常的虎奶菇子实体应该是菌盖肥大、菌柄粗短，而这种畸形病则是菌柄细长、菌盖较小，整个子实体的形状与高脚杯相似。主要原因是出菇期气温偏高、光照强度偏弱。另外，与通风状况也有一定关系。为此出菇期间确保场地最基本的光照（5～10 勒）；在偏高温季节，采取降温措施，防止白天气温过高，夜间加强通风换气，拉大昼夜温差，有利于正常子实体形成。

### 3. 死　菇

造成死菇的原因多为培养料的含水量过低，空气相对湿度小，或幼菇较长时间处于风吹、暴晒，或连续数天未喷水，导致幼菇失水萎缩干枯而死亡。为此，培养料过干，可以浸水处理，空气相对湿度过低，可以增加空间的喷水量和喷水次数；有风吹时，可以用薄膜或纱布等物来遮挡；场内有太阳晒时，可用草帘等物遮荫。

此外，原基分化期喷水过多，特别是对其直接喷水，导致菇体水肿黄化而死亡，在高温情况尤易常见。为了避免上述情况的发生，在水分管理上，对原基和幼菇不能直接喷水，只能在空间喷雾和地面浇水来增加湿度；用药不当产生药害，致使菇体死亡。为此，在出菇期间，一般是禁止使用农药，而采用生态治理、物理防治和生物防治。另外，二潮出菇期间，由于出菇过多过密，营养供应不上，也往往出现大量小菇死亡。

# （四）常见虫害及防治技术

虎奶菇的害虫种类较多，为害方式也不尽相同。在制种、栽培、贮存、运输过程中均遇到为害。为害最普遍和严重的是昆虫中双翅目的菇蚊、菇蝇，其次是弹尾目的跳虫、缨翅目的蓟马、直翅目的蝼蛄、鳞翅目的地老虎等。另外，螨类也是生产者不可忽视的一类害虫，其为害小则减产、品质下降，重则绝收。除此以外，还有蛞蝓、蜗牛、老鼠等，也能咬食菌丝或子实体，同属虎奶菇的有害动物。

## 1. 瘿蚊

瘿蚊属双翅目瘿蚊科昆虫，又名菇蚊、菇瘿蚊。为害虎奶菇的常见种类有：嗜菇瘿蚊、巴氏瘿蚊和斯巴瘿蚊。

（1）形态特征　瘿蚊幼虫刚孵化时为白色纺锤形小蛆，老熟幼虫米黄色，体长约3毫米，由13节组成，无胸足和腹足。头部不发达，中胸腹面有一个明显的剑骨，呈"Y"字形，这是该属幼虫的主要特征。幼虫的抗逆能力强，能耐高温，也能耐低温，幼虫常可直接进行童体繁殖（幼虫胎生幼虫），每条幼虫可繁殖20条左右的小幼虫。因此，瘿蚊的繁殖速度极快，虫口密度大，经常可成团成堆出现。成虫(图 6-8)为柔弱的小蚊,头胸部黑色,腹部和足橘红色。头部触角细长,念珠状,由 16～18 节组成,鞭节上有环毛;复眼大而突出;胸翅 1 对,较大,翅透明,翅脉少,中脉分叉,无横脉;足细长,基节短,胫节端无端距;腹部 8 节。雌成虫腹部尖细,雄成虫外生殖器呈 1 对铗状。

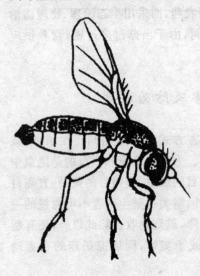

**图 6-8 瘿蚊形态特征**

**(2)为害症状** 瘿蚊幼虫生活在培养料中,取食菌丝和培养料,影响发菌;在出菇阶段,大量幼虫除取食菌丝体外,还取食菇体,造成鲜菇残缺、品质下降。

**(3)防治措施** 搞好菇场内外的环境卫生,减少虫源;菇房安上纱窗纱门,大棚盖上防虫网;袋栽采用熟料栽培,床栽的培养料进行高温堆制发酵处理,杀死料中的虫卵和幼虫;可采用 500～600 倍的 20%二嗪农拌料,也可用 1 000 倍的 90%敌百虫结晶拌料;如已发生菌蛆为害,则可用 1 000 倍 90%的敌百虫喷雾。施药时需谨慎,避免人畜中毒。

**2. 蚤蝇**

蚤蝇为双翅目蚤蝇科的一类害虫,为害虎奶菇的蚤蝇主要有菇蚤蝇、黑蚤蝇、普通蚤蝇(又名粪蝇)、黄脉蚤蝇和灰菌球蚤蝇。

**(1)形态特征** 见图 6-9。幼虫是一种白色的蛆,头部尖,尾部钝,体长约 4 毫米左右,无胸足和腹足。成虫为淡褐色或黑色小蝇,头小,胸大,侧面看呈驼背形比瘿蚊粗壮。头部复眼大,单眼 3

个,触角短,由 3 节组成,第三节肥大,常把第一、第二两节遮盖住,芒羽状。足粗短,胫节有端距并多毛。

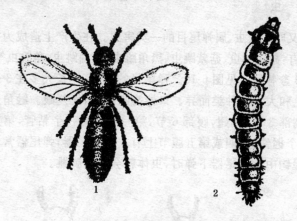

**图 6-9  蚤 蝇**
1. 成虫   2. 幼虫

**(2) 为害症状**  蚤蝇分布范围广,喜欢孳生在厩肥、有机物残体等腐臭环境中。卵、蛹、幼虫可通过培养料带入栽培场,成虫则可以从周围环境中飞入。成虫喜欢通风不良和潮湿环境,并有很强的趋化性。在 16℃ 以上只要有风,成虫就能成群飞动,交配后的雌虫,受菌丝体香味吸引,可以从很远的地方飞到栽培场地。在适宜的温度、湿度条件下,卵经过 4~5 天即可孵化为幼虫,幼虫寿命为 2 周左右,取食菌丝和蛀食菇体。蛹期 6~7 天,成虫期为 7 天左右。蚤蝇大量存在时还能传播多种病菌。蚤蝇 1 年可发生多代,对虎奶菇造成为害。

**(3) 防治措施**  搞好菇场内外的环境卫生,及时清除各种废料物质和残存菇床上的死菇、烂菇、菇根,以防成虫聚集产卵;培养料经过堆制发酵和二次发酵处理,或进行熟料袋栽;菇房安装纱门纱窗,防止成虫飞入菇房产卵;大棚覆盖防虫网。在菌丝生长阶段,用 500~600 倍敌敌畏喷杀成虫效果好。

### 3. 跳 虫

跳虫又叫烟灰虫,属弹尾目的一类害虫。在生产上造成为害的常见种类有:菇疣跳虫、菇紫跳虫、黑角跳虫、黑扁跳虫、角跳虫等。

**(1)形态特征** 见图 6-10。弹尾目的跳虫,体长大多在 3 毫米以内,体色和大小因种类而异。口器为咀嚼式,无复眼。触角通常为 4 节,胸部 3 节,无翅,腹部 6 节,第一节上有一个粘管,第三腹节上有一个握钩,第四或第五腹节上有 1 个弹尾器,弹尾器常向前弯,夹在握钩中。弹尾器下弹时,虫体就会向前弹跳。

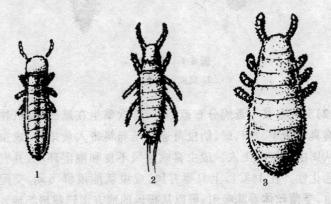

**图 6-10 跳虫**
1. 幼虫 2. 雌成虫 3. 雄成虫

**(2)为害症状** 平时生活在潮湿的草丛、阴沟以及有机物堆放处或其他有机质丰富的阴湿场所,取食死亡腐烂的有机物质或各种菇菌及地衣。在虎奶菇的生产场地,则取食菌丝、菇体和孢子。跳虫对温度适应范围广,气温低的冬春,虎奶菇上都可看到其为害;气温高时,则可大量发生。跳虫弹跳自如,体具油质,耐湿性强,在水中可漂浮,喜阴避光,不耐干燥。跳虫一年可发生 5~6 代。

**(3) 防治措施** 干净清除栽培场地四周的水沟以及杂草和堆积物,清除的杂草杂物就地烧毁;栽培场内外,在清洁卫生后用500~600倍敌敌畏喷雾;用少量蜂蜜或食用糖加敌敌畏进行诱杀。此法安全有效,还能诱杀其他害虫,要求密封的情况下进行,并注意安全。

### 4. 螨 类

螨类俗称菌虱,隶属节肢动物门蛛形纲,是包括虎奶菇在内的大多食用菌种类的主要害虫。

**(1) 形态特征** 见图 6-11。蒲螨体小,扁平似虱状,体淡褐色或咖啡色,肉眼不易看到。喜群体生活,成团成堆,看上去似土色的粉状。食酪螨是最常见的螨类。其种类包括长嗜酪螨、菌嗜酪螨和腐嗜酪螨等。相对蒲螨,体型较大,呈长椭圆形,白色或黄白色,一般体长 350~650 微米。体表刚毛细长,体背面有一横沟,明显将躯体分成前后两部分。成螨色白、体表光滑,休眠体呈黄褐色。

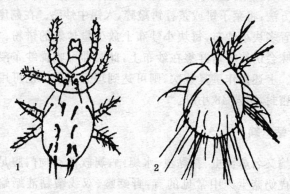

**图 6-11 常见螨类形态特征**

1. 蒲螨 2. 食酪螨

(2)**为害症状** 螨类繁殖速度特别快,1年少则3～4代,多则10～20代,喜欢温暖、潮湿的环境,常潜伏在仓库、饲料间、鸡鸭棚的米糠、麦麸、棉壳等原料中,以霉菌和植物残体为食物,可通过培养料、菌种、害虫带入栽培场,也可自己爬行进入。螨类的繁殖与其他害虫有所不同,大多种类可进行两性生殖,也能单性生殖(孤雌生殖)。成虫交尾后产卵,孵化后变为幼虫,幼虫长为若虫,经过若虫期再到成虫期;也有的种类,可以不经交尾由雌虫直接产卵。培养料被螨类为害后,菌丝不能萌发或逐渐消失,直至最后被全部吃光。子实体受螨类为害后,可造成菇蕾萎缩枯死,或子实体生长缓慢,无生机,严重影响产量和品质。

(3)**防治措施** 栽培场地要与原料、饲料仓库以及鸡舍等保持一定距离。因为这些地方往往有大量害螨存在,容易进入栽培场地;栽培场内外搞好环境卫生,并在四周挖一条水沟,在水沟中撒上石灰和杀螨药物,将害螨与栽培场地有效隔离;培养料经高温堆制发酵处理或熟料栽培,杀死培养料中的虫源。采用菜子饼或茶籽饼诱杀、糖醋诱杀、毒饵诱杀。从经济、实用考虑,最好是用第一种诱杀方法:将菜子饼或茶籽饼敲碎,入锅中炒熟。在菇床上或菇场内放置多块小纱布,每块小纱布上放少量炒熟的饼粉。粉饼浓郁的香味会诱使害螨群集在纱布上,此时即可收拢纱布浸于开水中杀死。上述操作重复数次,则可达到理想效果。也可用敌敌畏喷雾后密封,熏蒸48小时。

**5. 蛞 蝓**

蛞蝓又名鼻涕虫、黏黏虫、水蜓蚰,属软体动物门腹足纲蛞蝓科。在虎奶菇生产中常见的有:野蛞蝓、双线嗜黏液蛞蝓和黄蛞蝓。

(1)**形态特征** 见图6-12。身体没有保护躯体的坚硬外壳,裸露,暗灰色、灰白色或黄褐色,头部有触角2对,整个身躯柔软,能分泌黏液。野蛞蝓和双线嗜黏液蛞蝓在躯体伸长时,体长 30～40 毫米,宽 4～7 毫米。黄蛞蝓在躯体伸长时,体长可达 100～120 毫米,宽 10～12 毫米。

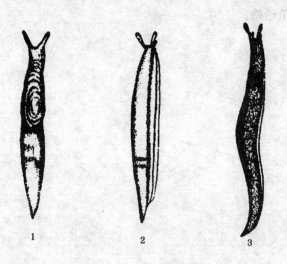

**图 6-12　蛞蝓形态特征**
1. 野蛞蝓　2. 双线嗜黏液蛞蝓　3. 黄蛞蝓

**(2)为害症状**　蛞蝓耐阴湿而不耐干燥,喜欢黑暗而避光,食性杂,取食量大。白天躲藏在阴暗潮湿处,天黑后到午夜之间是其活动和取食高峰期,天亮前又回到原来的隐蔽场所。蛞蝓对虎奶菇的为害是直接取食菇蕾、幼菇或成熟的子实体。被啃食的子实体,无论是菌柄、菌盖幼菇或菇蕾,均留下残缺或凹陷斑块。蛞蝓在爬行时,所到之处会留下白色发亮的黏液带痕和排泄的粪便。被为害的菇蕾或幼蕾,一般不能发育成正常的子实体。适期采收的子实体被害后,也失去或降低了其商品价值。

**(3)防治措施**　搞好场地的环境卫生,在蛞蝓可能出没之处撒上一层干石灰粉;晚上 10 点以后进行捕捉,捕捉时带一小盆,盆内放石灰或食盐,将捕捉到的蛞蝓投进盆中很快便可杀死。连续数晚捕捉可以收到很好的效果。蛞蝓为害严重时,可用多聚乙醛或丁蜗锡拌进米糠、豆饼粉、麦麸或鲜嫩的青草中,于傍晚撒在菇场四周,诱杀蛞蝓。

# 七、虎奶菇采收与加工

## (一)子实体成熟标志

虎奶菇菌柄长至 4 厘米长,菌盖超 0.8～1.5 厘米时,即可采收。从揭膜到采收,最短仅有 2 天时间。菌盖直径 2.5 厘米以上时,其品质下降。完全成熟,菌盖平展后,仅作一般产品处理。

## (二)采收技术

虎奶菇在装袋时采用端放料方式装法,端面菌丝成熟度一致,在料端面紧密排列形成一原基层,各子实体基部既紧密相连,又较易分开。当一丛菇体存在生长差异时,采取采大留小,留下的能继续生长;当整个料面的菇体整齐长出的一次采摘。采取分束采摘对原基形成层损伤最小,此层面的菌丝又常处于湿润空气的条件下,能在短时间内形成新菇蕾,所以提倡分束采摘,料面护蕾。这样,采菇后的端面菌丝层,只可去掉枯死菇,不可搔菌耙掉老菌皮。采后剪去带培养料的菇脚和菌柄,逐根撕开,按级分别放置。不同采收方法效果有别,见表 7-1。

表 7-1　虎奶菇不同采收法效果比较

| 采收方法 | 效果比较 | | | |
| --- | --- | --- | --- | --- |
| 刀割采收 | 刀浅留根 | 黄变烂面 | 刀深割料 | 转潮迟滞 |
| 瓣块采收 | 带料破面 | 难以转潮 | 活性不一 | 大小不齐 |
| 分束采收 | 丛内分束 | 采大留小 | 原基面全 | 分化不断 |

## （三）采后转潮管理

虎奶菇采用端放料,分束采收技术后,料端面菌丝能保持不断分化原基的能力,直至料袋水分枯竭。料袋水分每充盈 1 次为 1 个产菇期,称为一潮,即以料水分潮。每潮下产菇不同批次,称为次。虎奶菇整个产菇期注水 2～3 次,注水后 7～10 天出现菇蕾,此时便可按出菇期要求进行管理。

注水时还可添加营养物质,配方是:尿素 0.3%,葡萄糖或白糖 0.5%,磷酸二氢钾 0.2%,硫酸镁 0.1%,石灰 0.2%;或 1 000 升水中,添加尿素 500 克,磷酸二铵 500 克,葡萄糖 125 克,菇壮素 250 毫升,三十烷醇 25 毫升,硫酸镁 75 克。

将配制好的营养液装入大桶内,置于距棚底地面 2 米以上高处,用塑料软管导入棚内,管端用三通分流成 2 支水流,每支装注水器 1 个。注水时,将注水器尖端自料端面插入,打开开关,让营养渗入菌袋栽培料内,2 个注水器轮流使用,注水后的料袋,初始几天要注意加强通风,待注水时渗出的水蒸发、湿度稳定后,再减少通风。保养 15～20 天即可转潮出菇。

## （四）产品保鲜贮藏方法

鲜品加工是适应鲜菇销售的加工方式,主要解决从采摘到以鲜菇形式消费过程中的保鲜贮运问题,常用的有保鲜贮藏、冷藏保鲜、化学保鲜、速冻冷藏等多种方法。冷冻干燥为目前先进保鲜方法。

### 1. 贮藏保鲜

保鲜贮藏是采收后短期内就食用或分拣前的贮藏方法。采收后的鲜菇经整后立即放入干净的筐、塑料筐或木桶等容器中,上面覆盖多层纱布后放阴凉处,鲜菇在室温下贮藏的时间受温度和湿度影响较大,若室温为 3℃～5℃,空气相对湿度为 80％左右,鲜菇可贮藏 10 天。

为适宜外销运输的需要,常把按级分拣的菇体装入塑料袋内,每袋装菇量不宜过多,以 2.5～5 千克为宜。菇体要求含水量不能过高,若菇体中水分含量偏高,应将鲜菇摊开,用电风扇排湿,使菇体表面稍干;装袋后,用小型吸尘器吸净袋内空气再扎口,均可提高保鲜效果。

## 2. 冷藏保鲜

冷藏保鲜是根据鲜菇在低温时呼吸微弱,发热减少,以及利用低温抑制微生物活动的原理,从而达到保鲜的贮藏方法。这种方法保鲜期较长,适于长途运输,是虎奶菇最常用的保鲜手段,但需要购置冷藏设备,成本较高。目前,已由专业运输人员和专业批发人员解决。在冷库内存放,采用泡沫塑料和防潮纸箱,内衬透明无毒薄膜,直接摆放鲜菇或直接装分拣称重好的塑料袋,每箱 8 包 20 千克。保鲜期 7 天左右。

## 3. 化学保鲜

化学保鲜是用生长抑制剂、酶钝化剂、防腐剂、去味剂、脱氧剂等进行适当处理,以延长鲜菇贮存期的方法。如稳定剂二氧化氯("保而鲜"),由于氧化作用而实现其杀毒、防腐、除臭、保鲜等多种功能,用于保鲜能显著提高白度,延长寿命并减少侵害菇体的细菌数。硫代硫酸钠、亚硫酸氨钠、柠檬酸能抑制菇体内多酚氧化酶,抗坏血酸能抑制过氧化物酶,均被用作护色剂,防止菇色变深和变黑。要注意的是,化学保鲜必须了解药剂的性质、作用和卫生标准。如美国食品医药局已禁止用亚硫酸盐洗涤鲜销蘑菇,我国规定二氧化硫残留量不得超过 0.002％。食盐溶于水中,解离出钠离子和氯离子,这些离子具有强大的水合作用,使食盐溶液产生强大的渗透压。据测定,1％的食盐溶液可以产生 618.11 千帕压力(6.1 个大气压)。盐渍的食盐浓度通常在 20％以上,可以产生 2 066 千帕以上压力(20 个以上大气压),而一般腐败微生物细胞液的渗透压在 354.66～1 292.21 千帕压力(3.5～12.7 个大气压)之间。当微生物接触到高渗透压的食盐溶液时,其细胞内的水分就会外渗而脱水,造成生理干燥,迫使微生物处于休眠状态,甚至死亡。另外,盐渍时,菇体本身所含的部分水分和可溶物质,也由内向外渗出,使盐分扩散渗入菇体组织内,达到内外盐分基本平衡,致使菇体生命活动停止,从而达到保鲜目的。

**4. 速冻冷藏**

速冻冷藏是指菇体在 30～40 分钟内,实现－40℃～－25℃的低温冻结,冻结后于－18℃左右低温贮藏的方法。操作方法:将整理好的虎奶菇,倒入烫漂槽中烫漂(烫漂槽加水量为槽容量的 2/3,水中加入 0.05％～0.1％柠檬酸,加热煮沸),虎奶菇的加入量为烫漂液的 20％～30％,轻轻搅动菇体,使之受热均匀,烫漂液温度控制在 95℃,一般烫漂 5～8 分钟。烫漂结束立即放入清水中快速冷却,冷却后,将菇体装入干净纱布袋中置离心机中脱水。然后把虎奶菇装入干净的塑料袋中,500 克 1 袋,封口后送入速冻室,于－30℃～－25℃低温下迅速冻结。冻结后,连袋装入纸箱内,严密包装后,置－18℃低温库贮存,直到出售。

**5. 冷冻干燥**

冷冻干燥又称真空干燥或升华干燥,原理是先将菇体中的水分冻成冰晶,然后在较高真空下将冰直接气化而除去。干燥终了后,立即使干燥室充入干燥空气和干燥氮气恢复常压,而后进行包装。

真空冷冻干燥设备装置系统的主要部分是干燥室。干燥室配有冷冻、抽气、加热和控制测量系统。原料经过冻结后,送入干燥室,进行抽空,升温干燥,而后充入干燥空气和氮气、恢复常压,即可包装。冷冻干燥制品能够较好地保持原有色、香、味、形和营养价值,但干燥过程中需保持较高真空条件,能耗较大。

## (五)盐渍加工技术

盐渍加工是利用高浓度食盐溶液抑制微生物的生命活动,破坏菇体本身的活动及酶的活性,防止菇体腐败变质,为最简便有效的保鲜加工方法之一。

盐渍加工是外贸出口常用的加工方法,也是进一步加工前保存菇体的必要手段。还是鲜品销售不畅时,种菇户规避风险的必备措施,尤其对投入大的农户更是如此。

### 1. 设备与工艺

常用设备及用具有锅灶(采用直径60厘米以上的铝锅,炉灶的灶面贴上釉面砖)、大缸、塑料周转箱、包装箱、笊篱等。

盐渍加工的工艺流程如下:

原料菇的选择→漂洗→预煮→冷却→盐渍→调酸装桶

### 2. 操作技术

(1)选料 盐渍虎奶菇按出口规定的标准采摘,逐个分开、修剪和分级,清除杂物和有病虫的菇体。

(2)漂洗 用清水洗去菇体表面的泥屑等杂物。若用0.05%焦亚硫酸钠溶液漂白,浸泡10~20分钟,使菇体变白后,再用流水漂洗3~4次,以洗净残余药液。

(3)预煮 经过选择和漂洗的菇,要及时进行水煮杀青,以杀死菇体细胞抑制酶的活性。煮时铝锅内放 5%盐水,煮沸后,倒入鲜菇(一般要求 50 千克盐水中不超过 5 千克菇),边煮边用笊篱翻动,使菇体上下受热均匀,煮沸 3~5 分钟。具体时间应视菇体多少及火力大小等因素来确定,一般来说,煮沸后,菇体在水中下沉即可。

(4)冷却　把预煮的菇捞出,立即放入冷水中迅速冷却,并用手将菇上下翻动,使其冷却均匀。

(5)盐渍　盐渍分高盐处理和低盐处理两种。高盐处理贮存期长,一般用于外贸出口商品。高盐处理用盐量为菇重的 40%。盐渍时,先在缸底铺一层盐,然后放一层杀青后的菇,逐层加盐、加菇,依次装满缸,最后撒上 2 厘米厚的盐封顶,压上石块等重物,并注入煮沸后冷却的饱和盐水(22~24 波美度),使菇体完全浸没在饱和盐水内。罐上盖纱布和盖子,防止杂物侵入。

盐渍过程中,在缸中插 1 要根橡皮管,每天打气,使盐水上下循环,保持菇体含盐一致。若无打气设备,冬天应每隔 7 天翻缸 1 次,共翻 3 次;夏天 2 天翻缸 1 次,共翻 10 次,以促使盐水循环。一般盐渍 25~30 天,方可装桶存放。

低盐处理适宜冬季贮运,便于罐头厂家脱盐,但不宜长期贮存。盐渍时,将杀青处理冷却的菇体沥干,放入配好的饱和盐水缸内,不再加盐,上面加压,使菇体浸没盐水内,上面加盖纱布和盖子。管理方法同高盐处理。

(6)装桶　按偏磷酸 55%、柠檬酸 40%、明矾 5%的比例溶入饱和盐水中,使饱和盐水的 pH 值在 3.5 左右,酸度不足时,可加柠檬酸调节。把盐渍菇从缸中捞出,控水,装入衬有双层塑料薄膜食品袋的特制塑料桶内,再加入调酸后的饱和盐水,以防腐保色。双层塑料袋分别扎紧,防止袋内盐液外渗,塑料桶应盖好内外两层盖。桶上注上品名、等级、代号、毛重、净重和产地等。置于无阳光直接照射的场所存放。要定期检查,发现异味,及时更换新盐水,以保持菇色和风味不变。

### 3. 注意事项

(1) **及时加工**　鲜菇采摘后,极易氧化褐变和开伞,要尽快预煮、加工,以抑制褐变。

(2) **防止变黑**　加工过程中,要严格防止菇体与铁、铜质容器和器皿接触,同时也要避免使用含铁量高的水进行加工,以免菇体变黑。

(3) **预煮控制**　做到熟而不烂。预煮不足,氧化酶得不到破坏,蛋白质不凝固,细胞壁难以分离,盐分易渗入,易使菇体变色、变质;预煮过度,组织软烂,营养成分流失,菇体失去弹性,外观色泽变劣。预煮后要及时冷却透心方可盐渍,以防盐水温度上升,使菇体败坏发臭而变质。

(4) **食盐纯度**　食盐中除含氯化钠外还含有镁盐和钙盐杂质,在腌制过程中会影响食盐向食用菌内渗透的速度。为了保证食盐迅速渗入菌体内,防止菇体腐败变质,故应选用纯度高的食盐。此外,食盐中硫酸镁和硫酸钠过多还会使腌制品产生苦味。

(5) **盐水浓度**　由扩散渗透的理论得知,腌制时盐水浓度愈大,菇体食盐内渗量愈大,为了达到完全防腐的目的,要求盐分浓度至少在 17% 以上以上,因此所用盐水浓度至少应在 25% 以上。

(6) **温度条件**　夏天气温高,微生物繁殖快,要迅速完全地腌制,抑制其他微生物活动,盐水的浓度要高些;冬季温度低,盐水浓度可适当降低。

(7) **氧化控制**　缺氧是腌渍过程中必须重视的问题,缺氧条件下可有效地阻止菇体的氧化变色和败坏,同时还能减少因氧化造成的维生素 C 的损耗。所以,腌制时必须装满容器,注满盐水,不让菇体露出液面,装满后一定将容器密封,这样会减少容器的空气量,避免与空气的接触。

## （六）鲜菇脱水烘干工艺

### 1. 干制加工原理

干制加工是采用日晒或烘烤的办法，使菇体水分降到可长期保藏的过程。虎奶菇干品的含水量，在小于或等于 13％时，可长期保藏。

鲜菇中水分存在形式，鲜品一般含水量在 80％～90％，这些水分在菇体内以不同的形式存在，一是游离水；二是结合水。游离水是指菇体表面水分和菇体细胞间隙水分以及体液中的水分，这类水分流动性大，容易被排除。结合水则是不能自由流动的，按照在菇体内结合的牢固程度又分为胶体结合水和化学结合水（又称为结构水或化合水）。胶体结合水存在于大分子结构中，比游离水稳定，较难排除。随着胶体结合水的逐渐丧失，机体活性也丧失。化学结合水是构成菇体内有关成分的化合物水，存在于菇体的组织结构中，与其他元素结合成牢固结构，在干制过程中，它是不能被排出的；一旦被排出菇体，菇体将变成不可食用的黑焦炭。

干燥机干制，是利用菇体与干燥介质（热空气）接触时，把热传递给菇体，表面水分受热蒸发，菇体组织内由外到里产生湿度梯度，水分不断地从高湿度的内部向低湿度的外部扩散，直到内外湿度梯度一致，也就是水分蒸发完毕，干燥结束。

### 2. 质量要求

**（1）含水量**  虎奶菇干品含水量应等于或小于 13％。由于含水量小于 13％时菇体易碎，所以在实际操作中，大多生产者将含水量控制在 13％～15％，由于含水量偏高，容易引起变色、发霉和虫蛀，梅雨季节尤为突出。其实含水量在 12.5％～13％的虎奶菇,装在合格的纸箱中(内有塑料袋)是不易破碎的。

**(2)外形** 干品要求菇体保持鲜菇时的形态,菇盖完整,不变形扭曲,不破边。

**(3)色泽** 优质的干虎奶菇,除其他条件符合要求外,菇体的色泽有明确要求;菌褶整齐直立、不碎,整个底色为均匀一致的金黄色。

**(4)其他** 干品要求无异味,无病虫,无杂菌和霉斑。

**3. 加工方法**

**(1)日晒干燥法** 又称自然干燥法,这是最原始的干制方法,不需要设备,不需能耗,简便易行。缺点是干燥速度较慢,受天气影响很大,产品商业价值降低。具体操作:把整理后的虎奶菇菌褶面向上放在竹筛或竹席等晒具上,置于太阳下晒干。也可用线穿过菌柄,一个个串起来,挂在太阳下晒干。

**(2)焙笼烘烤法** 焙笼是用竹篾编织而成,高约 90 厘米,口径约 60 厘米,中间有一个托罩,安放在离口 30 厘米处,用以放置菇体,焙笼外围用双层竹篾编织,中间夹有包装纸,以便保温。下面用火炉装炭火,入焙时,在火炉炭火上覆盖一层灰烬,以免产生火舌和烟。温度不可太高,一般控制在 40℃ 左右,用文火徐徐烘烤。在烘烤前,先将采收的虎奶菇剪去菇脚,晒数小时,再上焙笼烘烤,这样既可节约烤料,又可缩短烘烤时间,还能提高烘烤质量。

**(3)火坑式烘房烘烤法** 火坑式烘房,一般采用土木结构或砖与水泥结构,烘房多为长方形,四周墙壁用砖砌或三合土夯成,房顶盖瓦,房顶斜度不大。房门开在侧面中间,宽 0.67 米,高 1.7 米。房内设人行道和火坑;人行道宽 70 厘米。火坑在地面挖成,宽 65 厘米,深 30 厘米,并有一定斜度。每条火坑中间筑一小墙,高 40 厘米,火坑与人行道之间筑一道墙,高 60 厘米,厚 20 厘米,以便工作人员安全操作。在火坑之上,分层设置烤架,层距 25 厘米,最底层距地面80厘米,烤筛用竹料编成,长80厘米,宽60厘米,筛板上留有方形小网眼。

烘烤前,先在火坑中堆放约30厘米的木炭,点燃至通红时,再将燃烧旺盛的木炭均匀放入火坑中,在木炭上面覆盖一层灰烬,用手背触摸底层烤架,以稍感烫手(温度约45℃)左右为适宜。然后,将鲜菇按大小及厚薄分级,分别放于烤筛中,以便烘烤时干燥均匀一致。

烘烤时要经常检查火力和菇的干燥程度。待菇半干时,将菇由2~3筛合并为1筛,在筛内摊匀、摊平后继续烘烤。当下层菇七八成干时,倒入焙笼里继续烘烤,将上层菇移到下层,上层再放入鲜菇。倒入焙笼的虎奶菇烘干到菇柄易折断时取出(俗称"出焙")摊凉。发现其中有未干透的虎奶菇应拣出,再放入焙笼中烘烤,直到完全干燥后再取出摊凉。待温度降至30℃时,及时装入塑料袋或其他防潮容器内贮藏。

**(4)烟道外式烘房烘干法** 此烘房一般建于室内,为长方形土木结构,烘房一端设炉灶,另一端设烟囱。烘房内设烟道,与炉灶和烟囱相连接。烟道宽与深均为40厘米,烟道上盖以铁板,也可用直径40厘米左右的陶瓷管做烟道。为了便于烘房内排潮,在烘房四周距地面10厘米处,每隔1米开设1个进气孔;进气孔宽5厘米,高10厘米,进气孔上设有活动木门。房顶上每隔1米开1个排气孔。进气孔与排气孔的位置交错设置。烘烤时,新鲜空气由进气孔进入烘房,加热后的热空气上升,由排气孔排出,带走潮气。在靠近烘架处开侧门,工作时打开侧门调整烤筛。侧门上设玻璃小窗作为观察孔,通过观察孔观察烘房内情况。

烘烤之前,先将烘房预热到40℃,待烘房内空气湿度降低后,按火坑式烘房烘烤法将鲜菇放到烤筛内放置烘房的烤架上。烘房的温度不能急剧升高,一般每隔3~5小时升高5℃左右;最高温度不能超过65℃。此外,还要防止烘房温度的剧烈变化,波动幅度也要限制在 5℃以内,不得超过。雨天菇体含水量大,一般不适宜烘干。若菇体已进入成熟,非采不可时,采用先摊晾用风扇排湿。鲜菇进房烘烤时,先把烘房预热至 40℃,并打开全部通气窗,加大风量排除菇体水分;烘房温度尽快升至 50℃～60℃,直至烘干。

**(5)脱水干燥机** 这是最简单的常压间歇式热风干燥机。干燥室的侧壁、顶壁和底壁都用绝热材料做成,箱内有多层(10～25层)框架,其上放置料筛(盘)。鲜菇的脱水只能在 50℃～60℃温度下进行。因此,料筛(盘)既可以用金属材料制作,也可以用竹篾编织。烘箱(房)中有供空气循环用的风机来强制空气流过加热器,然后均匀地流过每只料筛(盘)。风机可用离心式,也可用轴流式。空气流速为 120～130 米³/分。如果烘箱(房)中用挡板造成穿流接触式,那么每平方米料筛(盘)面积应保证有 30～75 米³/分的热空气穿过,这样对鲜菇脱水干制效果较好。脱水干燥机设有空气加热器,多用翅片式暖气片加热空气。中型烘箱(房)可用柴片或煤炭加热铸铁炉胆或厚度为 4～6 毫米的钢板,再由炉胆或钢板加热空气;小型烘箱也可以用电炉丝加热空气。排风口风门,用于控制废气的排出量,使一部分废气留在烘箱(房)中,与新鲜空气混合后再循环,可以节省能源。此外,烘箱(房)中还必须安装温度感应计,其感温元件悬挂在趋近料筛(盘)的气流中,外接自动蒸气控制阀或继电器,以便于调控脱水温度。

箱式干燥机内,气流在各层之间往往分布不均,会造成各层料筛(盘)所处的温度不均衡,鲜菇很难同步脱水,生产中可通过调换料筛(盘)位置等措施予以克服。

**(6)隧道式干燥灶** 隧道式干燥器实质上是数台盘架式干燥设备按一定顺序进行脱水操作的半连续式干燥设备。装有鲜菇的料车按一定时间间隔,从隧道的一端进入干燥区,整个一列料车向前推进一车距离,干燥好的料车从隧道的另一端移出,构成了半连续的作业方式。料车高1.5～2米,料筛(盘)用竹木或轻金属制作,盘底呈筛状,盘间留出适当的空气通道。隧道全长的中间部分有一段隔板将隧道隔成上、下两个区域,上部为加热区,下部为干燥区。干燥区的横截面刚好纳入料车,以免热空气在料车周围做无功的流动。这种隧道式干燥器的效果较高,一条12车的隧道,如果料筛(盘)的规格为1米×2米,每车叠放25层,按每平方米装鲜菇6千克计算,12车能容纳3600千克鲜菇。

隧道式干燥器更适合于生产规模较大的情况下采用。当生产规模较小时,最好购置箱式干燥器,进行干制加工。在烘烤前,按设备型号使用说明书进行试机,并检查烘室(房)内的干净程度,有无漏气,设备是否齐全,调控系统是否自如灵活;再启动烘机,预热烘室(房),使热风达起始温度;然后按菇体大小、厚薄分类,大厚菇体在下,小薄菇体在上,逐个把菇排在竹筛或铁丝筛上,依次排入烘室(房);再按操作程序认真管理。

**(7)低温除湿干燥机** 这是一项采用红外电热元件供热的干燥机械。其最大的优点是干燥温度低,能提高干燥产品的质量,营养成分保存好,色泽自然,复水性能好,加工后产品在国际市场上有竞争力,但加工干燥的时间需要更长。

与其他电热干燥机械相比,该机可节省电能50%～75%,且干燥均匀。其工作温度范围为10℃～45℃。

### 4. 烘烤操作程序

**(1)适期采收** 采收是烘烤工作的开始。要烘烤出高质量的干品,采收必须注意:一是适时采收,过早采收影响产量,过迟采收品质下降;二是采收时轻拿轻放,采收筐不宜过大,每个采收筐中不要堆放太多,放入采收筐时应将菌褶面朝上,以免造成菌盖边缘破损。

**(2)分级整理** 按要求清除杂物、剪去菇蒂,并按菇体大小分级。

**(3)摊排上架** 将分级后的菇体单层摆放于料筛上,菌褶面朝上。摆放大菇、肉厚菇的料筛置于烘箱(房)上层,小菇、薄菇置于下层。

**(4)温度控制** 虎奶菇烘烤的质量与不同的干燥期温度的控制密度相关。一般情况下,前 2~3 小时的预备干燥期,温度控制在 40℃左右,通气孔全开;随后 4~6 小时的恒速干燥期,温度从 45℃缓慢升至 50℃,通气孔由全开到关闭 1/3;经过恒速干燥期后,进入稳定干燥期,温度从 50℃逐渐升到 55℃,关闭通气孔1/2;在烘干前 1~2 小时的干燥完成期,通气孔微开,温度控制在 60℃~65℃。烘烤经验表明:在其烘烤的过程中,趁菇体软化、含水量 70%左右时,翻动鲜菇可使其不粘筛。

# 八、虎奶菇产品质量标准

## （一）产品分级标准

虎奶菇产品的分级，目前未见有国家统一的标准，目前主要是根据市场需要和客商的要求而设定的。出口日本的虎奶菇标准为：菌盖直径 0.8～1.5 厘米为一、二级品；菌盖直径 2.5 厘米以上为三级品；菌柄长均不超过 4 厘米。

虎奶菇产品标准，有的省区和企业虽有制定一些标准，但不很统一。从现有市场要求情况看，虎奶菇产品标准可参照 NY 5096－2002《无公害食品平菇》标准，其感官指标见表 8-1。

表 8-1　无公害虎奶菇的感官要求

| 序　号 | 项　　目 | 要　　求 |
|---|---|---|
| 1 | 外　观 | 具虎奶菇特有的色泽；表面无萌生的菌丝，允许菌盖中央凹进处和菌柄基部有白色菌丝；菌褶无倒伏 |
| 2 | 气　味 | 具虎奶菇特有的清香味 |
| 3 | 手　感 | 干爽，无黏滑感 |
| 4 | 霉烂菇 | 无 |
| 5 | 虫蛀菇/(虫孔数/千克) | ≤30 |
| 6 | 水分/% | ≤91 |

# （二）产品卫生标准

虎奶菇产品卫生标准可参照 NY 5096－2002 标准执行。

## 1. 干鲜品卫生指标

见表 8-2。

**表 8-2　无公害虎奶菇的卫生指标**

| 项　目 | 指标/(毫克/千克) |
|---|---|
| 砷（以 AS 计） | ≤0.5 |
| 铅（以 Pb 计） | ≤1 |
| 汞（以 Hg 计） | ≤0.1 |
| 镉（以 Cd 计） | ≤0.5 |
| 多菌灵（carbendazim） | ≤0.5 |
| 敌敌畏（dichlorvos） | ≤0.5 |

注：根据《中华人民共和国农药管理条例》，剧毒和高毒农药不得在蔬菜（包括食用菌）生产中使用

## 2. 盐渍品卫生指标

参考主产区行业标准，见表 8-3。

表 8-3　虎奶菇盐渍品卫生标准　（单位：毫克/千克）

| 项　目 | 指　标 |
|---|---|
| 总砷(以 As 计) | ≤0.5 |
| 铅(以 Pb 计) | ≤1.0 |
| 亚硝酸盐(以 $NaNO_2$ 计) | ≤20.0 |
| 食品添加剂 | 应符合 GB 2760 的规定 |
| 大肠菌群　　　　　　个/100 克 | |
| 散装≤90 | |
| 袋、瓶装 | ≤30 |
| 致病菌(沙门氏菌、志贺氏菌、金黄色葡萄球菌) | 不得检出 |

生产加工过程的卫生要求，应符合 GB 14881 的规定。

### 3. 罐头制品卫生指标

应按 GB 7098－2003《食用菌罐头卫生标准》见表 8-4。

表 8-4　虎奶菇罐头制品卫生标准

| 项　目 | 指　标 |
|---|---|
| 锡(Sn)(毫克/千克) | ≤250 |
| 铅(Pb)(毫克/千克) | ≤1.0 |
| 总砷(以 As 计)(毫克/千克) | ≤0.5 |
| 总汞(以 Hg 计)(毫克/千克) | ≤0.1 |
| 米酵菌酸 2/(毫克/千克) | ≤0.25 |
| 六六六/(毫克/千克) | ≤0.1 |
| DDT/(毫克/千克) | ≤0.1 |

微生物指标应符合罐头食品商业无菌的规定。

**4. 绿色食品农药残留最大限量标准**

虎奶菇绿色标准应按国家农业部 NY/749－2003《绿色食品食用菌》标准规定的农药残留最大限量指标,见表 8-5。

表 8-5　绿色食品虎奶菇农药残留最大限量标准

| 项　目 | 指　标 |
| --- | --- |
| 六六六 | ≤0.1 |
| 滴滴涕 | ≤0.05 |
| 氯氰菊酯 | ≤0.05 |
| 溴氰菊酯 | ≤0.01 |
| 敌敌畏 | ≤0.1 |
| 百菌清 | ≤1.0 |
| 多菌灵 | ≤1.0 |

# 参 考 文 献

[1] 黄年来,中国食用菌百科[M]. 北京:中国农业出版社,1993.

[2] 黄年来,18 种珍稀美味食用菌栽培[M]. 北京:中国农业出版社,1997.

[3] 方金山,周贵香,方婷,姬菇规范化栽培致富[M]. 北京:金盾出版社,2010.

[4] 李昊,鸡腿菇高产栽培技术[M]. 北京:金盾出版社,2010.

[5] 包水明,虎奶菇及其人工栽培技术[J]. 食用菌,2007(2)59-60.

[6] 包水明,虎奶菇及其人工栽培技术[J]. 食用菌,2007(3)63-64.

[7] 黄水珍,虎奶菇覆土栽培技术[J]. 食用菌,2004(4),34.

[8] 胡三明,虎奶菇栽培技术[J]. 农村实用技术,2005,6.

[9] 黄年来,虎奶菇及其栽培[J]. 江苏食用菌,1995,16(4),2-3.

[10] 江枝和,虎奶菇生物学特性研究[J]食用菌学报,2001,7(4),11-17.

[11] 黄年来,中国最有开发前景的主要药用真菌[J]. 食用菌,2005,(1),3-4.

[12] 阮瑞国,虎奶菇生物学特性及栽培技术研究[J]. 河北农业科学,2002,6(1).

[13] 黄年来,珍稀食用菌－虎奶菇的开发[J].江苏食用菌,1995,16(4),2-3.

[14] 林茂斌,虎奶菇的栽培及其营养成分[J].福建农业科技,2000(6),21.

[15] 林茂斌,虎奶菇引种栽培试验[J].食用菌,2001,(2)15.

[16] 闵三弟,真菌的药用价值[J].食用菌学报,1996,3(4),55-64.

# 金盾版图书,科学实用,
## 通俗易懂,物美价廉,欢迎选购

| | | | |
|---|---|---|---|
| 食用菌园艺工培训教材 | 9.00 | 毛皮动物饲养员培训教 | |
| 食用菌保鲜加工员培训教 | | 材 | 9.00 |
| 材 | 8.00 | 肉牛饲养员培训教材 | 8.00 |
| 食用菌制种工培训教材 | 9.00 | 家兔饲养员培训教材 | 9.00 |
| 桑园园艺工培训教材 | 9.00 | 家兔防疫员培训教材 | 9.00 |
| 茶树植保员培训教材 | 9.00 | 淡水鱼繁殖工培训教材 | 9.00 |
| 茶园园艺工培训教材 | 9.00 | 淡水鱼苗种培育工培训 | |
| 茶厂制茶工培训教材 | 10.00 | 教材 | 9.00 |
| 园林绿化工培训教材 | 10.00 | 池塘成鱼养殖工培训教 | |
| 园林育苗工培训教材 | 9.00 | 材 | 9.00 |
| 园林养护工培训教材 | 10.00 | 家禽防疫员培训教材 | 7.00 |
| 草本花卉工培训教材 | 9.00 | 家禽孵化工培训教材 | 8.00 |
| 猪饲养员培训教材 | 9.00 | 蛋鸡饲养员培训教材 | 7.00 |
| 猪配种员培训教材 | 9.00 | 肉鸡饲养员培训教材 | 8.00 |
| 猪防疫员培训教材 | 9.00 | 蛋鸭饲养员培训教材 | 7.00 |
| 奶牛配种员培训教材 | 8.00 | 肉鸭饲养员培训教材 | 8.00 |
| 奶牛修蹄工培训教材 | 9.00 | 养蚕工培训教材 | 9.00 |
| 奶牛防疫员培训教材 | 9.00 | 养蜂工培训教材 | 9.00 |
| 奶牛饲养员培训教材 | 8.00 | 北方日光温室建造及配 | |
| 奶牛挤奶员培训教材 | 8.00 | 套设施 | 10.00 |
| 肉羊饲养员培训教材 | 9.00 | 保护地设施类型与建造 | 9.00 |
| 羊防疫员培训教材 | 9.00 | 现代农业实用节水技术 | 12.00 |
| 毛皮动物防疫员培训教 | | 农村能源实用技术 | 16.00 |
| 材 | 9.00 | 太阳能利用技术 | 22.00 |

以上图书由全国各地新华书店经销。凡向本社邮购图书或音像制品,可通过邮局汇款,在汇单"附言"栏填写所购书目,邮购图书均可享受9折优惠。购书30元(按打折后实款计算)以上的免收邮挂费,购书不足30元的按邮局资费标准收取3元挂号费,邮寄费由我社承担。邮购地址:北京市丰台区晓月中路29号,邮政编码:100072,联系人:金友,电话:(010)83210681、83210682、83219215、83219217(传真)。